专用于国家职业技能鉴定

国家职业资格培训教程

乏燃料贮存与后处理首端操作工

（基础知识）

中国核工业集团有限公司人力资源部
中 国 原 子 能 工 业 有 限 公 司
组织编写

中国原子能出版社

图书在版编目(CIP)数据

乏燃料贮存与后处理首端操作工. 基础知识 / 中国核工业集团有限公司人力资源部，中国原子能工业有限公司组织编写. —北京:中国原子能出版社，2020.6
国家职业资格培训教程
ISBN 978-7-5221-0591-8

Ⅰ. ①乏… Ⅱ. ①中…②中… Ⅲ. ①核燃料后处理-技术培训-教材 Ⅳ. ①TL24

中国版本图书馆 CIP 数据核字(2020)第 091153 号

乏燃料贮存与后处理首端操作工(基础知识)

出版发行 中国原子能出版社(北京市海淀区阜成路 43 号 100048)
责任编辑 张书玉
责任校对 冯莲凤
责任印制 潘玉玲
印　　刷 保定市中画美凯印刷有限公司
经　　销 全国新华书店
开　　本 787 mm×1092 mm 1/16
印　　张 6.75
字　　数 157 千字
版　　次 2020 年 6 月第 1 版 2020 年 6 月第 1 次印刷
书　　号 ISBN 978-7-5221-0591-8 **定　价 41.00 元**

网址:http://www.aep.com.cn **E-mail:atomep123@126.com**
发行电话:010-68452845

国家职业资格培训教程

乏燃料贮存与后处理首端操作工
（基础知识）

编审委员会

主　任　余剑锋

副主任　祖　斌

委　员　王安民　赵积柱　吴秀江　杨永平
　　　　王俊峰　霍颖颖　陈璐璐　周　伟
　　　　刘士鹏　王　健　李天福　李高建
　　　　王小刚　张　媛　张士军　刘玉山
　　　　何　石

主　编　陈　勤

编　者　刘　莺　周　萌　孟俊红　靳冠军
　　　　关四菲　杨　玲

主　审　王　健　汪南杰

审　者　李天福　马友谊　刘彩兵　王小刚
　　　　赖桂华　李连顺

前　言

为推动核行业特有职业技能培训和职业技能鉴定工作的开展，在核行业特有职业从业人员中推行国家职业资格证书制度，在人力资源和社会保障部的指导下，中国核工业集团有限公司人力资源部组织有关专家编写了《国家职业资格培训教程——乏燃料贮存与后处理首端操作工》(以下简称《教程》)。

《教程》以国家职业标准为依据，内容上力求体现"以职业活动为导向，以职业技能为核心"的指导思想，紧密结合实际工作需要，注重突出职业培训特色；结构上针对本职业的职业活动的领域，按照模块化的方式，分为初级、中级、高级、技师、高级技师五个等级进行编写的。《教程》中的章对应于职业标准的"职业功能"，节对应"工作内容"；每节包括"学习目标""级联操作""工艺操作"及"自检"等单元，涵盖了职业标准中的"技能要求"和"相关知识"的基本内容。此外，针对职业标准中的"基本要求"，还专门编写了《乏燃料贮存与后处理首端操作工(基础知识)》一书，内容涉及：职业道德、专业基础知识、安全文明生产与辐射保护知识、质量管理知识和相关法律、法规知识等。

《教程》适用于乏燃料贮存与后处理首端操作工的初级、中级、高级、技师、高级技师培训，是乏燃料贮存与后处理首端操作工职业技能鉴定的指定辅导用书。中核四〇四有限公司承担了本《教程》的编写工作。

由于编者水平有限，时间仓促，加之科学技术的发展，教材中不足与错误之处在所难免，欢迎提出宝贵意见和建议。

中国核工业集团有限公司人力资源部
中国原子能工业有限公司

目　录

第一章 职业道德

学习目标:通过学习职业道德基本知识和掌握职业道德基本规范及首端操作工职业守则,乏燃料贮存与后处理首端操作工应树立良好的职业道德观念。

第一节 什么是职业道德

一、职业道德基本概念

职业道德是社会道德要求在职业行为和职业关系中的具体体现,是整个社会道德生活的重要组成部分。职业道德就是从事一定职业的人们在工作或劳动过程中所应该遵守的、与其职业活动紧密联系的道德规范和原则的总和。职业道德的内容很丰富,它包括职业道德意识、职业道德行为规范,以及职业道德培养、职业道德品质等内容。

职业道德反映着某种职业的特殊要求。它是人们履行本职工作的时候,从思想到行动应该遵守的准则,同时也是各个行业在道德方面对社会应尽的责任和义务。乏燃料贮存与后处理首端操作工职业道德是指从事本职业的人员在完成性能测试及有关的各项劳动过程中,从思想到工作行为所必须遵守的劳动的道德规范和行为准则。

二、职业道德的意义

1. 有利于推动社会主义物质文明和精神文明建设

从事职业活动的人们自觉遵守职业道德,将规范人们的职业活动和行为,可以极大程度地推动整个社会的物质创造活动。同时,良好的职业道德创造良好的社会秩序,提高人们的思想境界,为树立社会良好的道德风尚奠定了坚实基础,促进了社会主义精神文明建设。

2. 有利于行业、企业建设和发展

行业的从业人员遵守职业道德,对行业的发展影响巨大。不断提高行业的道德标准,将是行业自身建设和发展的客观要求。促进企业经营管理、提高经济效益需要充分发挥企业中每个职工的劳动积极性、能动性。这要求广大职工自觉遵守职业道德,从思想和行动上全身心投入工作当中,产生对企业的凝聚力和推动力。职业道德还可以保障企业的发展按照正常的轨道前进,使企业获得良好的经济效益和社会效益。

3. 有利于个人的提高和发展

职业人员应该树立良好的职业道德,遵守职业守则,安心本职工作,勤奋钻研本职业务,才能提高自身的职业能力和素质。在市场经济条件下,高素质的劳动者向高效益的企业流动,是社会发展的必然趋势。只有树立良好的职业道德,不断提高职业技能,劳动者才能够在劳动市场优胜劣汰的竞争中立于不败之地。

三、职业道德的特点

1. 职业道德是社会主义道德体系的重要组成部分

由于每个人的职业与人民、国家、社会主义的利益密切相关;每个工作岗位、每一次职业行为,都包含着如何处理个人与国家、个人与集体关系的问题,因此,职业道德是社会主义道德体系的重要组成部分。

2. 职业道德的重要内容是树立全新的社会主义劳动态度

职业道德的本质就是在社会主义市场经济条件下,鼓励每个劳动者通过诚实的劳动,在改善自己生活的同时,为增进社会共同利益而劳动,为建设国家而劳动。劳动既是为个人谋生,也是为社会服务,劳动的双重含义产生了全新的劳动态度,具有崇高的职业道德价值。

四、职业道德的基本规范

1. 爱岗敬业,忠于职守

任何一种道德都从一定的社会责任出发。在个人履行对社会责任的过程中,培养相应的社会责任感,从长期的良好行为和规范中建立起个人的道德。因此,职业道德首先要从爱岗敬业、忠于职守的职业行为规范开始。爱岗敬业就是提倡“干一行,爱一行”的精神。忠于职守,就是要求把自己职业范围内的工作做好,合乎质量标准和规范要求,能够完成应承担的任务。

2. 诚实守信,办事公道

信誉是企业在市场经济中赖以生存的重要依据,而良好的产品质量和服务是企业信誉的基础。企业的员工必须在职业活动中以诚实守信的职业态度,为企业、社会创造优质的产品,提供优质的服务。办事公道是指在利益关系中正确地处理好国家、企业、职工个人、他人(消费者)的利益关系。要始终以国家、人民的利益为最高原则,以社会主义事业利益为最高原则,不徇私情,不谋私利,维护国家、人民的利益。在工作中,要以处理好企业和个人的利益关系,做到个人服从集体,保证个人利益和集体利益相统一。

3. 服务群众,奉献社会

在社会主义社会,每个人都有权力享受他人的职业服务,同时每个人也都承担为他人提供职业服务、为社会做贡献的义务。企业就是在为社会、为大众努力创造丰富的物质环境,提供优质的产品和服务,而企业中工作的每个人从事的工作也是为这个目标努力。

4. 遵纪守法,廉洁奉公

法律法规、政策和各种规章制度,都是按照事物发展规律制定出来的约束人的行为规范。从事职业活动的人,既要遵守国家的法律法规和政策,又要自觉遵守了职业活动、行为有关的制度和纪律,如劳动纪律、安全操作规程等,才能很好地履行岗位职责,完成企业分派的任务。廉洁奉公强调的是要求从业人员公私分明,不损害国家和集体的利益,不在自己的工作岗位上谋取私利。这是每个人应该具备的基本道德品质。

第二节　职业守则

一、乏燃料贮存与后处理首端操作工的职业规范

(1) 热爱本职、尽职尽责；
(2) 钻研业务、精益求精；
(3) 团结协作、互敬互学；
(4) 艰苦奋斗、勤俭节约；
(5) 遵纪守法、执行政策；
(6) 公正廉洁、不徇私情；
(7) 讲究礼貌、举止文明。

二、乏燃料贮存与后处理首端操作工的职业守则

(1) 遵守国家法律、法规和各项规章制度。
(2) 敬业爱岗，忠于职守，实事求是，不弄虚作假。
(3) 工作精益求精，不断钻研业务，学习新技术、新知识。
(4) 重视安全、环保，坚持文明生产，爱护检测设备。

第二章 法律法规

学习目标：通过学习《中华人民共和国安全生产法》《中华人民共和国环境法》《中华人民共和国劳动法》等相关知识，了解立法的目的，熟知安全生产工作方针，掌握安全生产岗位责任制中的基本职责及应尽的义务。知道公民在环境保护中具有的权利和义务。了解劳动者的权利和基本义务，知道劳动合同制的概念、类型及订立劳动合同的原则。知道国家秘密的概念，掌握国防科技工业保密守则。

第一节 《中华人民共和国安全生产法》相关知识

一、简介

2002 年 6 月 29 日，第九届全国人民代表大会常务委员会第二十八次会议通过《中华人民共和国安全生产法》(以下简称《安全生产法》)，并于 2002 年 11 月 1 日起施行。2014 年 8 月 31 日，第十二届全国人民代表大会常务委员会第十次会议通过《全国人民代表大会常务委员会关于修改〈中华人民共和国安全生产法〉的决定》，新《安全生产法》自 2014 年 12 月 1 日起施行。

《安全生产法》分为 7 章，共 114 条。其中，第一章总则；第二章生产经营单位的安全生产保障；第三章从业人员的安全生产权利义务；第四章安全生产的监督管理；第五章生产安全事故的应急救援与调查处理；第六章法律责任；第七章附则。

新修订的《安全生产法》对安全生产摆位、安全生产方针、安全生产工作机制、安全生产责任制、主要责任人职责、安全生产管理机构以及安全管理人员职责、安全生产投入、安全生产教育和培训、事故隐患排查治理、安全监管措施等方面进行了补充完善，为了促进安全生产形势稳定好转提供了更强有力的法律保障。

二、《安全生产法》的立法目的

《安全生产法》第一条"为了加强安全生产工作，防止和减少生产安全事故，保障人民群众生命和财产安全，促进经济社会持续健康发展，制定本法"。这一条简要地阐述了《安全生产法》的立法目的。

从历史上看，全部劳动安全卫生方面的立法，都是现代工业发展到一定阶段的产物，是人类社会文明进步的一个主要标志。

安全生产问题实际上就是人类在生产活动中如何保护自身安全和健康的问题。长期以来，人类为实现安全生产，在与各种灾害、事故作斗争的生产过程中，通过生产实践和科学研究，在防止生产事故和职业危害方面积累了丰富的经验，掌握了许多行之有效的安全技术和组织措施，通过严格的安全生产立法来保证这些措施在生产建设过程中得以实施，是搞好安全生产的根本途径。

发生生产安全事故的原因是多方面的，但归纳起来其直接原因无非是物(包括环境)的不安全状态和人的不安全行为；间接的原因则是管理上的缺陷。除了极少数自燃事故外，大量事故案例证明，引发事故的原因都可以追溯到管理上的缺陷，因为物的不安全状态和人的不安全行为都可以通过严格的监督管理来加以改进的。因此，可以说加强安全生产监督管理是防止和减少生产安全事故的主要保障条件。

安全生产事关人民群众生命和财产的安全，直接影响到社会稳定和发展的大局。因此，保障人民群众的生命和财产安全，是制定安全生产法最根本的目的。近年来，随着社会经济活动日趋活跃和复杂，特别是生产经营单位经济成分、组织形式日益多样化，已由国有生产经营单位、集体生产经营单位为主，变为国有生产经营单位、集体生产经营单位、外商投资生产经营单位、私营生产经营单位、个体工商户并存。而且，由于安全生产管理的责任不够明确，有关安全生产管理的制度不够健全，安全生产监督管理的手段和方式也难以适应变化了的实际情况和要求，使生产安全事故时有发生，引起社会和广大人民群众的关注。为了防止和减少生产安全事故的发生，保障人民群众生命和财产安全，迫切需要根据近年来我国安全生产的实际情况和国家安全生产监督管理体制进行调整，适应加强安全生产监督管理的需要，制定安全生产法，确定有关安全生产监督管理的基本制度和要求，提出加强安全生产监督管理的针对性、可操作性较强的具体措施。制定安全生产法，就是要从制度上建立起有效的办法，防止和减少生产安全事故。如，明确生产经营单位的主要负责人对本单位的安全生产工作全面负责；生产经营单位的从业人员有依法获得安全生产保障的权利；生产经营单位必须建立、健全安全生产责任制；各级人民政府有关部门必须依法对安全生产工作的实施严格的监督管理；国家对生产安全事故的责任人员依法严肃追究其法律责任等。

生产经营活动必须保证安全。没有安全作基础，生产经营活动无法正常进行，也会直接或间接地给经济带来巨大的损失。只有高度重视安全生产，不断改善劳动条件，才能保障生产经营活动得以正常进行。并在此基础上调动劳动者的积极性，逐步提高劳动生产率。因此，搞好安全生产不仅是保障人民群众生命和财产安全的需要，也是国民经济健康有序发展的必要条件。制定安全生产法，就是要从制度上保证生产经营单位健康有序地开展生产经营活动，避免和减少生产安全事故，从而促进和保障经济的发展。

三、我国的安全生产工作方针

安全生产工作应当以人为本，坚持安全发展，坚持安全第一、预防为主、综合治理的方针，强化和落实生产经营单位的主体负责，建立生产经营单位负责、职工参与、政府监督、行业自律和社会监督的机制。

“安全第一”，是相对于生产而言的，即当生产和安全发生矛盾时，必须先解决安全问题，使生产在确保安全的情况下进行。绝不能在劳动者人身安全没有保障的情况下，为了完成生产经营任务而强迫或诱使他们去从事生产经营活动。人的生命是最可贵的。人民群众的生命安全是人民群众根本利益所在，人民的利益高于一切。因此，生产必须安全，不安全不得生产。这是人命关天的大事，生产经营单位的负责人、管理人员一定要摆正并处理好安全和生产的关系，必须对人民群众高度负责的精神，坚持以人为本的思想，始终把保证人民群众的生命安全放在各项工作的首位，切不可为了赶任务或追求高额利润而置劳动者人身安全于不顾或心存侥幸，违章指挥。决不允许以生命为代价换取经济的发展。广大劳动者也要努力学习安全生产知识,掌握安全生产技术,提高安全生产和自我保护意识,不仅自己不要冒险作业,还要充分行使法律赋予的权利,保护自己的合法权益。

为了使"安全第一"的指导思想能真正落到实处,有许多工作要做,事后的追究(包括对违章者的追究和对事故责任者的追究)肯定是必要的。但是,相对比较而言,如果我们能事先做好预防工作,防微杜渐,防患于未然,把事故隐患及时消灭在发生事故之前,这当然是最理想的。因为事故不同于其他事情,一旦发生事故,其后果是很难挽回的,许多情况下是根本无法挽回的。因此,做好预防工作就是落实"安全第一"思想的主要的工作。所以说"预防为主"是落实"安全第一"的基础,离开了"预防为主","安全第一"也是一句空话。安全生产工作,重在防范事故的发生,把预防生产安全事故的发生放在安全生产工作的首位。

四、《安全生产法》对生产经营单位从业人员的安全资质的规定

《安全生产法》第二十五条规定:"生产经营单位应当对从业人员进行安全生产教育和培训,保证从业人员具备必要的安全生产知识,熟悉有关的安全生产规章制度和安全操作规程,掌握本岗位的安全操作技能,了解事故应急处理措施,知悉自身在安全生产方面的权利和义务。未经安全生产教育和培训的从业人员,不得上岗作业。"

生产必须安全;不安全,不生产。这是安全生产法对生产经营单位从事生产经营活动的根本要求。安全生产,人人有责。人是生产活动的第一要素,生产经营活动最直接的承担者就是从业人员,每个岗位从业人员的具体生产经营活动安全了,整个生产经营单位的安全生产就得到了保障。因此,从制度上保证每个从业人员具有在本职工作岗位进行安全生产操作的知识和能力,是非常必要的。对从业人员进行安全生产教育和培训,是生产经营单位的法定义务,也是贯彻落实"安全第一、预防为主"方针的必然要求,更是关系到从业人员生命安全的大事。禁止未经安全生产教育和培训的从业人员上岗作业,是"防患于未然"的重要措施,也是对人民群众生命和财产安全负责的重要体现。生产经营单位必须保障上岗的从业人员,都已经过了安全生产教育和培训并合格,如果发现未经安全生产教育和培训合格的从业人员上岗作业,生产经营单位要承担法律责任。

五、在安全保障方面从业人员享有的权利

《安全生产法》第四十九条第一款规定,生产经营单位的从业人员订立的劳动合同,应当载明有关保障从业人员劳动安全、防止职业危害的事项,以及依法为从业人员办理工伤社会保险的事项。

《安全生产法》第五十条规定,生产经营单位的从业人员有权了解其作业场所和工作岗位存在的危险因素、防范措施及事故应急措施,有权对本单位的安全生产工作提出建议。

《安全生产法》第五十一条第一款规定,从业人员有权对本单位安全生产管理工作中存在的问题提出批评、检举、控告;有权拒绝违章指挥和强令冒险作业。

《安全生产法》第五十二条第一款规定,从业人员发现直接危及人身安全的紧急情况时,有权停止作业或者在采取可能的应急措施后撤离作业场所。

《安全生产法》第五十三条规定,因生产安全事故受到损害的从业人员,除依法享有工伤社会保险外,依照有关民事法律尚有获得赔偿的权利的,有权向本单位提出赔偿要求。

六、在安全生产方面从业人员应尽的义务

1. 严格遵守安全操作规程

《安全生产法》第五十四条明确规定："从业人员在作业过程中，应当严格遵守本单位的安全生产规章制度和操作规程，服务管理，正确佩戴和使用劳动防护用品。"许多事故的发生与从业人员违反安全操作规程有关，有章不循、不听从指挥，造成了许多不该发生的事故，给生产经营单位和从业人员都造成了很大的损失。因此，从业人员要充分认识严格遵守安全操作规程的重要性，树立安全第一的思想，以避免事故的发生。

2. 提高劳动技能

《安全生产法》第五十五条规定，从业人员应当接受安全生产教育和培训，掌握本职工作所需的安全生产知识，提高安全生产技能，增强事故预防和应急处理能力。

3. 遵守劳动纪律或者用人单位规章制度

从业人员必须遵守劳动合同中规定的劳动纪律或用人单位的规章制度，劳动纪律是在共同劳动中的规则和秩序，是安全生产的重要保障，也是保证职工本人和他人安全的基本条件。

4. 发现事故及时报告的义务

《安全生产法》第五十六条规定，从业人员发现事故隐患或其他不安全因素，应当立即向现场安全生产管理人员或本单位负责人报告；接到报告的人员应当及时予以处理。

七、生产经营单位的从业人员应承担的法律责任

《安全生产法》第一百零四条规定，生产经营单位的从业人员不服从管理，违反安全生产规章制度或者操作规程的，由生产经营单位给予批评教育，依照有关规章制度给予处分；构成犯罪的，依照刑法有关规定追究刑事责任。

本条规定的责任形式有两种：给予批评教育、处分和刑事责任。

第二节　《中华人民共和国环境保护法》相关知识

一、《中华人民共和国环境保护法》简介

1989 年 12 月 26 日第七届全国人民代表大会常务委员会第十一次会议通过《中华人民共和国环境保护法》(以下简称《环境保护法》)，2014 年 4 月 24 日第十二届全国人民代表大会常务委员会第八次会议对《环境保护法》进行修订，并自 2015 年 1 月 1 日起施行。

修改后的《环境保护法》共七章七十条。新的《环境保护法》在总则中进一步强化环境保护的战略地位，依照《国务院关于落实科学发展观加强环境保护决定》以及《国务院关于加强环境保护重点工作的意见》确定的总体要求，将环境保护融入经济社会发展。

环境保护法规定了环境日，将联合国大会确定的世界环境日写入本法，规定每年 6 月 5 日为环境日。

二、何谓环境及我国环境保护工作的原则

《环境保护法》第一条是立法目的：为保护和改善环境，防治污染和其他公害，保障公众健康，推进生态文明建设，促进经济社会可持续发展，制定本法。

《环境保护法》第二条规定环境的概念，是指影响人类生存和发展的各种天然的和经过人工改造的自然因素的总体，包括大气、水、海洋、土地、矿藏、森林、草原、湿地、野生生物、自然遗迹、人文遗迹、自然保护区、风景名胜区、城市和乡村等。

我国的环境保护工作起始于20世纪70年代初，1973年召开了第一次全国环境保护工作会议，确定了“全面规划、合理布局、综合利用、化害为利、依靠群众、大家动手、保护环境、造福人民”的32字方针，在这个方针的指导下，国家和地方开始有组织地制定了环境保护政策、法规、标准，并逐步形成了具有中国特色的环境保护工作制度。

“保护环境是国家的基本国策”，《环境保护法》第五条规定并明确“环境保护坚持保护优先、预防为主、综合治理、公众参与、污染者担责的原则”。

三、公民在环境保护中具有的权利和义务

《环境保护法》第六条规定，一切单位和个人都有保护环境的义务；公民应当增强环境保护意识，采取低碳、节俭的生活方式，自觉履行环境保护义务。

《环境保护法》第三十八条规定，公民应当遵守环境保护法律法规，配合实施环境保护措施，按照规定对生活废弃物进行分类放置，减少日常生活对环境造成的损害。

《环境保护法》第五十三条规定，公民、法人和其他组织依法享有获取环境信息、参与和监督环境保护的权利。

《环境保护法》第五十七条规定，公民、法人和其他组织发现任何单位和个人有污染环境和破坏生态行为的，有权向环境保护主管部门或者其他负有环境保护监督管理职责的部门举报。

四、我国对放射性污染的防治方针

我国对放射性污染和防治，实行“预防为主、防治结合、严格管理、安全第一”的方针。

第三节　《中华人民共和国劳动法》相关知识

一、《中华人民共和国劳动法》简介

1994年7月5日第八届全国人民代表大会常务委员会第八次会议通过了《中华人民共和国劳动法》(以下简称《劳动法》)，并于1995年1月1日起开始施行。

《劳动法》分十三章，共有107条。除了第一章总则和第十三章附则外，《劳动法》分别就促进就业、劳动合同和集体合同、工作时间和休息休假、工资、劳动安全卫生、女职工和未成年工特殊防护、职业培训、社会保险和福利、劳动争议、监督检查、法律责任等作了详细的规定。劳动者本人和企业(或用人单位)都应严格按《劳动法》来规范自己的行为、

活动。

二、劳动者的权利和义务

1. 劳动者的基本权利

(1) 平等就业和选择职业的权利；

(2) 取得劳动报酬的权利；

(3) 休息休假的权利；

(4) 获得劳动安全卫生保护的权利；

(5) 接受职业技能培训的权利；

(6) 享受社会保险和福利的权利；

(7) 提请劳动争议处理的权利；

(8) 法律、法规规定的其他劳动权利。

2. 劳动者的基本义务

(1) 完成劳动任务；

(2) 提高职业技能；

(3) 执行劳动安全卫生规程；

(4) 遵守劳动纪律和职业道德。

三、劳动合同制度

1. 劳动合同制的概念

劳动合同制就是以合同形式明确用工单位和劳动者个人的权利与义务，实现劳动者与生产资料科学结合的方式，是确立社会主义劳动关系，适应社会主义市场经济发展需要的一项重要的劳动法律制度。

劳动合同是劳动者与用人单位确定劳动关系，明确双方权利和义务的协议。

2. 劳动合同的类型

(1) 有固定期限的劳动合同，这类劳动合同明确规定了合同的起始和终止时间。

(2) 无固定期限的劳动合同，这类劳动合同只规定了合同起始日期，没有注明合同终止日期，但同时规定了解除合同的条件，这种条件一旦具备，合同即可终止。劳动者在同一用人单位连续工作满 10 年以上，当事人双方同意续延劳动合同的，如果劳动者提出订立无固定期限的劳动合同，应当订立无固定期限的劳动合同。

(3) 以完成一定的工作为期限的劳动合同，这类劳动合同是将完成某项工作或工程的时间作为劳动合同的起始与终止的条件。

四、劳动合同的订立、变更和解除

1. 订立劳动合同的原则

(1) 平等自愿的原则

平等是指当事人双方以平等的身份订立劳动合同；自愿是指订立劳动合同完全出于当事人自己的意志。

(2) 协商一致的原则

协商一致是指当事人双方在充分表达自己意志的基础上,经过平等协商,取得一致意见,签订劳动合同。

(3) 依法订立的原则

1) 订立合同的目的要合法。

2) 订立合同的主体要合法,即签订劳动合同的双方必须具有签订该合同的法律资格(劳动者应是年满16岁的公民;用人单位应是依法成立的企业、事业单位、国家机关、社会团体和个体经营户等用人单位)。

3) 订立的合同内容要合法,即劳动合同的各项条款必须符合国家政策和劳动法规的规定。

2. 订立劳动合同的程序

(1) 用人单位公布招工简章或就业原则,确定被要方。

(2) 被要方自愿报名,提交证明文件。

(3) 全面考核、择优录用。

(4) 当事人双方依法就劳动合同的条款经过协商,取得一致意见,经双方签名盖章,劳动合同即告成立。

3. 劳动合同的内容

(1) 劳动合同期限及试用期限;

(2) 工作内容,即生产上应达到的数量指标、质量指标,或者应完成的任务;

(3) 劳动保护和劳动条件;

(4) 劳动报酬和保险、福利待遇;

(5) 劳动纪律;

(6) 劳动合同终止的条件;

(7) 违反劳动合同者应承担的责任;

(8) 双方认为应当规定的其他事项。

4. 劳动合同的变更

劳动合同的变更主要指劳动合同内容发生变化,而不包括当事人的变化。

(1) 劳动合同变更的条件

1) 当事人双方同意变更,并且不因此损害国家利益;

2) 由于不可抗力或紧急情况而单方变更劳动合同;

3) 依据劳动者身体健康状况而单方变更劳动合同;

4) 依据企业经营需要或临时歇工而单方变更劳动合同;

5) 订立劳动合同时所依据的法律法规已经修改。

(2) 劳动合同变更的程序

1) 当事人一方提出变更合同的要求,并说明变更原因、内容及请求对方答复的期限;

2) 当事人另一方得知后应在对方规定的期限内作出是否同意的答复;

3) 当事人双方就变更劳动合同的内容经过协商,取得一致意见,并达成变更劳动合同的书面协议,经双方签字盖章生效。

5. 劳动合同的解除

劳动合同的解除是指劳动合同期限未满以前,由于出现某种情况,导致当事人双方提前终止劳动合同的法律效力,解除双方的权利和义务关系。劳动合同的解除必须遵守劳动法的规定。

(1) 劳动者解除劳动合同,应当提前30日以书面形式通知用人单位。劳动法第32条规定,有下列情形之一的,劳动者可以随时通知用人单位解除劳动合同:

1) 在试用期内的;

2) 用人单位以暴力、威胁或者非法限制人身自由的手段强迫劳动的;

3) 用人单位未按照劳动合同约定支付劳动报酬或者提供劳动条件的。

(2) 用人单位解除劳动合同

1) 劳动法第25条规定,劳动者有下列情形之一的,用人单位可以解除劳动合同:

① 在试用期间被证明不符合录用条件的;

② 严重违反劳动纪律或者用人单位规章制度的;

③ 严重失职,营私舞弊,对用人单位利益造成重大损害的;

④ 依法被追究刑事责任的。

2) 劳动法第26条还规定,有下列情形之一的,用人单位可以解除劳动合同,但是应当提前30日以书面形式通知劳动者本人:

① 劳动者患病或者非因工负伤,医疗期满后,不能从事原工作,也不能从事由用人单位另行安排的工作的;

② 劳动者不能胜任工作,经过培训或者调整工作岗位,仍不能胜任工作的;

③ 劳动合同订立时所依据的客观情况发生重大变化,致使原劳动合同无法履行,经当事人协商不能就变更劳动合同达成协议的;

④ 用人单位被撤销、解散或破产的。

(3) 有下列情形之一的,用人单位不得解除劳动合同:

1) 劳动者患职业病或者因工负伤被确认丧失或部分丧失劳动能力的;

2) 劳动者患病或者负伤,在规定的医疗期内的;

3) 女职工在孕期、产期、哺乳期内的;

4) 法律法规规定的其他情形。

五、劳动安全卫生制度

1. 劳动安全卫生的概念

劳动安全是指生产劳动过程中,防止危害劳动者人身安全的伤亡和急性中毒事故。

劳动卫生是指生产劳动环境要合乎国家规定的卫生条件,防止有毒有害物质危害劳动者的健康。

2. 劳动安全卫生管理制度的主要内容

(1) 安全生产责任制度;

(2) 劳动安全技术措施计划制度;

(3) 劳动安全卫生教育制度;

(4) 劳动安全卫生检查制度;

(5) 特种作业人员的专门培训和资格审查制度;

(6) 劳动防护用品管理制度;

(7) 职业危害作业劳动者的健康检查制度;

(8) 职工伤亡事故和职业病统计报告处理制度;

(9) 劳动安全卫生监察制度。

3. 对女职工的特殊劳动保护

(1) 根据女工的生理特点安排就业,实行同工同酬;

(2) 禁止女工从事特别繁重的体力劳动和有损健康的工作;

(3) 建立健全对女工“五期”保护制度。“五期”保护是指女工在经期、孕期、产期、哺乳期、更年期给予特殊保护。

4. 对未成年工(年满 16 周岁未满 18 周岁)的特殊劳动保护

(1) 严禁一切企业招收未满 16 周岁的童工;

(2) 对未成年工应缩短工作时间,禁止安排他们做夜班或加班加点;

(3) 禁止安排未成年工从事矿山井下、有毒有害、国家规定的第四级体力劳动强度的劳动和其他禁忌从事的劳动;

(4) 用人单位应当对未成年工定期进行健康检查。

六、社会保险制度

1. 社会保险的概念

社会保险是指国家或社会对劳动者在生育、年老、疾病、工伤、待业、死亡等客观情况下给予物质帮助的一种法律制度。

社会保险是现代社会保障制度的一部分。它通过国家立法,强制征集专门资金用于保障劳动者在丧失劳动能力或劳动机会时的基本生活需求。

2. 社会保险待遇种类

包括:养老待遇、医疗待遇、工伤待遇、失业待遇、生育待遇。

七、劳动争议处理

1. 劳动争议的概念

劳动争议是指以劳动关系为中心所发生的一切争议和纠纷。

2. 劳动争议处理的方式

(1) 当事人自行协商解决

当事人自行协商解决是通过劳动关系当事人双方互谅互让协商解决。

(2) 向劳动争议调解委员会申请调解

劳动争议调解委员会设立在用人单位,由职工代表、用人单位代表和用人单位工会代表三方组成,由工会代表任调解委员会主任。劳动争议调解委员会负责调解本单位发生的劳动争议。

劳动争议发生后,当事人可以向本单位劳动争议调解委员会申请调解。

劳动争议经调解达成协议的，当事人应当履行。

(3) 向劳动争议仲裁委员会申请仲裁

市、县、市辖区设立劳动争议仲裁委员会，由劳动行政部门代表、同级工会代表、用人单位代表组成，主任由劳动行政部门代表担任。仲裁委员会负责处理本委员会管辖范围的劳动争议案件。仲裁委员会对于受理的案件，应先行调解，调解达成协议应当制作调解书。经调解无效或调解书送达前一方反悔的，应当及时进行仲裁，并制作仲裁决定书。当事人对仲裁裁决不服，可以自收到仲裁裁决书之日起 15 日内向人民法院提起诉讼，逾期不起诉，裁决即发生法律效力。已生效的裁决，与人民法院判决的效力等同。当事人如果不履行裁决，另一方当事人可以申请人民法院强制执行。

(4) 向人民法院提起诉讼

若对劳动争议仲裁委员会的仲裁结果不服，可向人民法院提起诉讼，寻求司法救济。

第四节　《中华人民共和国保守国家秘密法》相关知识

一、《中华人民共和国保守国家秘密法》简介

为了保守国家秘密，维护国家的安全和利益，保障改革开放和社会主义建设事业的顺利进行，1988 年 9 月 5 日第七届全国人民代表大会常务委员会第三次会议上通过了《中华人民共和国保守国家秘密法》(以下简称《保密法》)，并于 1989 年 5 月 1 日起施行。但后来对该保密法进行了修改，并于 2010 年 4 月 29 日在第十一届全国人大常委会第十四次会议上通过了修改后的国家秘密法，新的国家秘密法自 2010 年 10 月 1 日起施行。

修改后的《保密法》分六章，共有 53 条。第一章总则，第二章国家秘密的范围和密级，第三章保密制度，第四章监督管理，第五章法律责任，第六章附则。

二、我国保密法律的基本框架

我国保密法律的基本框架主要是由以下法律、法规和规章构成：

1. 根本法

《中华人民共和国宪法》第五十三条关于公民保密义务的规定。

2. 法律

(1)《中华人民共和国保守国家秘密法》；

(2) 其他法律(如《刑法》《专利法》《档案法》等)中的有关保密规定。

3. 行政法规

(1)《中华人民共和国保守国家秘密法实施办法》；

(2) 其他行政法规(如《专利法实施细则》《档案法实施办法》等)中的有关保密规定。

4. 地方性法规

(1) 省、自治区、直辖市人大或其常委会制定的省、自治区、直辖市《保密法实施细则》。

(2) 地方法规中的有关保密规定。

5. 中央和国家机关有关部门制定的保密规章

6. 地方人民政府制定的地方保密规章

三、保密工作指导思想

1983 年 5 月,党中央批准了中央保密委员会提出的“提高革命警惕,贯彻突出重点、积极防范的方针,坚持内外有别、即便利工作又确保秘密的原则,确保党和国家的核心秘密,有领导、有控制地放宽对非核心秘密的限制,更好地为社会主义现代化建设服务”的保密工作指导思想。这一指导思想对我国新时期保密工作总的方针、原则,保密工作的根本任务和基本政策做了比较完整、科学的概括和表述,从思想、组织、制度和措施上改革和加强保密工作,以适应改革开放新形势发展的要求。

1997 年,中共中央在《关于加强新形势下保密工作的决定》中提出了新形势下保密工作的指导思想:“以邓小平建设有中国特色社会主义理论和党的基本路线为指导,以《中华人民共和国保守国家秘密法》为依据,坚持积极防范、突出重点,即确保国家秘密又便利各项工作的方针,实行专门工作与群众路线相结合、保密工作部门与业务部门相结合、依法管理国家秘密,不断提高技术防范能力和现代化管理水平,更好地为社会主义改革开放和现代化建设服务。”

四、什么是国家秘密?

1. 国家秘密的定义及基本要素

《保密法》第二条规定:“国家秘密是关系国家的安全和利益、依照法定程序确定,在一定时间内只限一定范围的人员知悉的事项。”从这一定义看,国家秘密由三个基本要素组成。

(1) 关系国家安全和利益。这是构成国家秘密的实质要素,是准确判断某一信息是否属于国家秘密的关键问题。

(2) 依照法定程序确定。这是国家秘密的程序要求。关系国家安全和利益的信息,必须在履行确定相应密级的程序后,才能成为法律认可的国家秘密。所谓法定程序,是指《保密法》和《保密法实施办法》就确定、变更国家秘密的密级和保密期限以及解密所做出的一系列相应的规定。国家秘密的这一要素,是强调确定国家秘密的统一性和合法性,防止主观随意性。

(3) 在一定时间内只限一定范围人员知悉。这是国家秘密的时空要素。国家秘密不可能是永远的秘密。随着一定的时间和客观情况的变化而发生变化,或变更密级或解密。在特殊情况下,也会发生密级由低变高的现象。国家秘密的接触、知悉的范围必须限定在需要知悉的范围内,不能控制知悉范围的信息就不能称其为国家秘密。

国家秘密的三个基本要素互相联系,缺一不可。

同时,国家秘密受法律保护。一切国家机关、武装力量、政党、社会团体、企业事业单位和公民都有保守国家秘密的义务。任何危害国家秘密安全的行为,都必须受到法律追究。

国家秘密的密级分为绝密、机密、秘密三级。“绝密”是最重要的国家秘密,泄露会使国家的安全和利益遭受特别严重的损害;“机密”是重要的国家秘密,泄露会使国家的安全和利益遭受严重的损害;“秘密”是一般的国家秘密,泄露会使国家的安全和利益遭受损害。

2. 国家秘密的标志

国家秘密一经产生,就应当按照规定在载体上做出标志。国家秘密的标志由三部分组成：

（1）国家秘密的密级（“绝密”、“机密”、“秘密”）；

（2）国家秘密的标识“★”；

（3）保密期限（年、月，特殊情况也可以是长期）。

具体标志的形式为：从左到右：密级＋标识★＋保密期限。

如：“绝密★长期”的标志，表明该载体属于绝密级国家秘密，保密期限是长期；

“机密★10 年”的标志，表明该件为机密级国家秘密，保密期限为十年；

“秘密★6 个月”的标志，表明该件为秘密级国家秘密，保密期限为六个月。

如果国家秘密的标志只有密级和标识符★，如“机密★”不标明保密期限的，即按基本保密期限秘密级十年，机密级二十年，绝密级三十年认定。

五、严重违反保密规定尚未造成泄密后果行为的法律责任

《保密法》第四十八条违反本法规定，有下列行为之一的，依法给予处分；构成犯罪的，依法追究刑事责任：

（1）非法获取、持有国家秘密载体的；

（2）买卖、转送或者私自销毁国家秘密载体的；

（3）通过普通邮政、快递等无保密措施的渠道传递国家秘密载体的；

（4）邮寄、托运国家秘密载体出境，或者未经有关主管部门批准，携带、传递国家秘密载体出境的；

（5）非法复制、记录、存储国家秘密的；

（6）在私人交往和通信中涉及国家秘密的；

（7）在互联网及其他公共信息网络或者未采取保密措施的有线和无线通信中传递国家秘密的；

（8）将涉密计算机、涉密存储设备接入互联网及其他公共信息网络的；

（9）在未采取防护措施的情况下，在涉密信息系统与互联网及其他公共信息网络之间进行信息交换的；

（10）使用非涉密计算机、非涉密存储设备存储、处理国家秘密信息的；

（11）擅自卸载、修改涉密信息系统的安全技术程序、管理程序的；

（12）将未经安全技术处理的退出使用的涉密计算机、涉密存储设备赠送、出售、丢弃或改作其他用途的。

有上述行为尚不构成犯罪，且不适用处分的人员，由保密行政管理部门督促其所在机关、单位予以处理。

六、国防科技工业保密守则

（1）不该说的国家秘密不说。

（2）不该看的国家秘密不看。

（3）不该带的国家秘密不带。

（4）不使用普通电话、传真、计算机传输涉密信息。

（5）不在涉外宾馆、饭店组织涉密会议。

(6) 不在非保密场所阅办、谈论国家秘密。

(7) 不使用涉密计算机上公众网。

(8) 不私自保存、复制和销毁秘密载体。

(9) 不私自接受国内外记者采访。

(10) 不带涉密载体游览、探亲访友。

七、中国核工业集团公司保密工作的原则和任务

中国核工业集团公司保密工作实行积极防范、突出重点，既确保核工业国家秘密安全又为集团公司发展服务的方针。坚持法定代表人为单位保密工作第一责任人的原则，并在具体工作中实行业务谁主管，保密工作谁负责的原则。

集团公司保密工作的任务是：认真贯彻《保密法》及有关的法律、法规，建立保密工作机构，健全保密规章制度，落实保密防范措施，查处泄密事件，打击窃取秘密的犯罪活动，做好新形势下的各项保密工作，保护核工业国家秘密、商业秘密、工作秘密的安全，促进集团公司的发展。

八、核工业国家秘密的范围

(1) 核工业发展规划、总体布局、实力、水平、劳动工资、核专业人才结构，军用核材料、核武器部件及铀系列产品的成本、价格和财务预决算；

(2) 核军工科研、试验、生产、运输、储备及可供国家动用的核打击力量；

(3) 核领域涉外活动的敏感部分及外事、外贸工作中的秘密事项；

(4) 重大科研革新、发明创造、高技术跟踪、工艺诀窍及国际上尚属保密的技术成果。

九、为境外的机构、组织、人员窃取、刺探、收买、非法提供国家秘密或者情报应承担的法律责任

根据《刑法》第 111 条的规定：为境外的机构、组织、人员窃取、收买、非法提供国家秘密或者情报的，处五年以上十年以上有期徒刑；情节特别严重的，处十年以上有期徒刑或者无期徒刑；情节较轻的，处五年以下有期徒刑、拘役、管制或者剥夺政治权利。同时，根据《刑法》第 56 条和第 113 条的规定，犯该罪的应当附加剥夺政治权利，可以并处没收财产。对国家和人民危害特别严重、情节特别恶劣的，也可以判处死刑。

十、泄露国家秘密的行为及其行政处分

1. 泄露国家秘密的行为

泄露国家秘密，是指违反保密法律、法规和规章的下列行为之一：

(1) 使国家秘密被不应知悉者知悉的；

(2) 使国家秘密超出了限定的接触范围，而不能证明未被不应知悉者知悉的。

2. 泄露国家秘密的行政处分规定

《保密法实施办法》对泄露国家秘密行政处分作了如下具体规定：

(1) 泄露国家秘密已经人民法院判处刑罚或者免予刑事处罚的，有关机关、单位应当从

重给予行政处分。泄露国家秘密尚不够刑事处罚的，有关机关、单位应当根据被泄露事项的密级和泄密行为的具体情节，给予行政处分。有下列情节之一的，应当从重给予行政处分：

1）泄露国家秘密已造成损害后果的；

2）以牟取私利为目的泄露国家秘密的；

3）泄露国家秘密危害不大但次数较多或数量较大的；

4）利用职权强制他人违反保密规定的。

（2）泄露国家秘密情节轻微的可以酌情免于行政处分或者从轻给予行政处分，包括以下几种情况：

1）泄露秘密级国家秘密，情节轻微的，可以酌情免于或者从轻给予行政处分；

2）泄露机密级国家秘密，情节轻微的，可以酌情从轻给予行政处分，也可免予行政处分；

3）泄露绝密级国家秘密，情节特别轻微的，可以酌情从轻给予行政处分。

（3）各级保密工作部门和其他有关的保密工作机构，可以要求有关机关、单位对泄密责任人给予行政处分；对行政处分决定持有异议时，可以要求对作出的行政处分进行复议。

第三章　安全及辐射防护知识

学习目标：通过学习掌握安全及核辐射防护知识、火灾的分类及灭火的基本方法、高压气瓶的使用等知识。了解电离辐射的来源，知道核辐射概念及种类，知道放射性物质进入人体的主要途径，知道内外照辐射的防护方法。熟知常用灭火器使用方法及化学烧伤的种类和常见化学烧伤的急救处理方法。熟悉放射性工作场所的分区以及放射性去污方法。

第一节　核辐射种类及防护措施

一、辐射的定义

辐射的广义定义：辐射是以波动形式或运动粒子形式向周围介质传播的能量，是一种能量传播得方式。它包括声辐射、热辐射、电磁辐射、α 辐射、β 辐射、γ 辐射、中子辐射等。根据辐射能量的高低或其电离物质的能力可分为电离辐射和非电离辐射。通常辐射防护上关心的对象就是电离辐射。

辐射的狭义定义：仅指高能电磁辐射（光辐射）和粒子辐射，此处辐射也称“射线”。

二、简述核辐射

1. 核辐射的概念

核是原子核的简称，辐射是能量传播的一种形式。有些辐射也叫射线，是运动着的粒子或光（量）子，例如常见的 X 射线，通常叫 X 线，或 X 光，是 X 射线机工作时发出来的一种辐射。它可以穿透我们的身体或钢铁工件，留下影像；它还可以使空气“电离”，生成负离子和正离子。核辐射是原子核发生变化过程中发射出来的粒子和光子所组成的辐射，核辐射也称放射性。核辐射像 X 射线一样能穿透物质并使物质原子电离。核辐射和 X 射线这样能使任何物质的原子发生电离的辐射称为电离辐射。普通光线、红外线、紫外线、微波等都不属于电离辐射，因为它能量小，不能使原子发生电离。

电离辐射是指能量高并能使物质发生电离作用的辐射，也就是能引起物质电离的带电离粒子或不带电电离粒子构成的辐射，或两者混合组成的任何辐射。

电离辐射有许多用途，但使用中特别要注意安全防护。过量接受核辐射及 X 射线会引起伤害。

利用核能发电，提供热能的锅炉是核反应堆，使用的燃料主要是铀。铀原子核是自然界最重的，天然就是放射性的。铀核有 92 个质子，140 多个中子，这种组成很不稳定。发电利用的是铀-235（92 个质子，143 个中子），再有一个中子进来铀核就彻底崩解，分裂成两个并不相等的中等原子核，同时放出巨大的裂变能。两个新生成的核裂变产物中子还是很多，都是不稳定的，要经过一系列的衰变才能达到稳定状态。这些裂变产物核放射性很强，比较重要的有几十种，有的半衰期还很长。所以核能产生会有放射性核素伴随着产生。

2. 半衰期的概念

半衰期(half-life)是放射性核素的一个特征量，意思是核素的放射性活动减少一半所需要的时间。我们观察到的任何一块物质的包含着很大数目的原子，放射性物质中是大量不稳定原子核，当原子核以发射粒子的形式向外抛出能量后就变成了另外一种原子核，这个过程叫原子核的“衰变”。不稳定核的衰变并不是同时发生的，不稳定核谁先达到发生衰变的状态是随机的。但是对于大量的核来说，在某一时刻，单位时间内发生核衰变的数目在统计上有一个确定的份额。单位时间内发生核衰变的数目叫“放射性活度”(通常都说成“强度”)，测量核辐射就可以确定该核素此时的活度。活度减小一半也就是放射性核素的原子核减少一半。活度的单位是“贝可”(Bq)，每秒衰变 1 次为 1 贝可。放射性核素的减少，只有靠它自己的衰变，我们不能使它停止或加速，即无法“灭活”。有的核素半衰期很短，有的很长，几十年，几百年，几千年，几百万年甚至更长都有。

3. 核衰变放出的核辐射的种类

原子核衰变放出的辐射有三种主要类型，分别以希腊字母表的前三个字母命名，他们是：

α(阿尔法)粒子，或叫 α 辐射，是带正电的重粒子。

β(贝塔)粒子，或叫 β 辐射，是电子，带电的轻粒子。

γ(伽马)光子，即 γ 射线，是电磁辐射，没有质量。

α 粒子的质量是电子的 7 000 多倍，它在空气中只能穿行几厘米，一张纸就可以完全阻挡住它，所以 α 粒子只有当发射它的母体核素进入人体内时才会形成核辐射照射，即只是“内照射”危险。β 粒子在空气中可穿行几米远，它既可能“内照射”，也可以对人体表面裸露的器官(如皮肤、眼睛等)构成“外照射”危险，特别是人体表面受到“核污染”时，或者发射性物质沾染在衣服上、地面上、工具等物品上。β 辐射的内照射危险和外照射危险都不可忽视。γ 辐射穿透力很强，一般的铅防护服对它也阻挡不了多少，是主要的外照射危险来源。α 辐射只发生在很重的(质量数大于 20)原子核上，三个天然放射系中连续衰变的核素大多是 α 发射体。人工放射性核素除了超铀核素外都是发射 β 辐射和 γ 辐射的。应当知道，发射 α 辐射或 β 辐射的核素也多伴随有 γ 辐射或 X 辐射发射出来，纯 β 辐射体较少。不同辐射的穿透能力如图 3-1 所示。

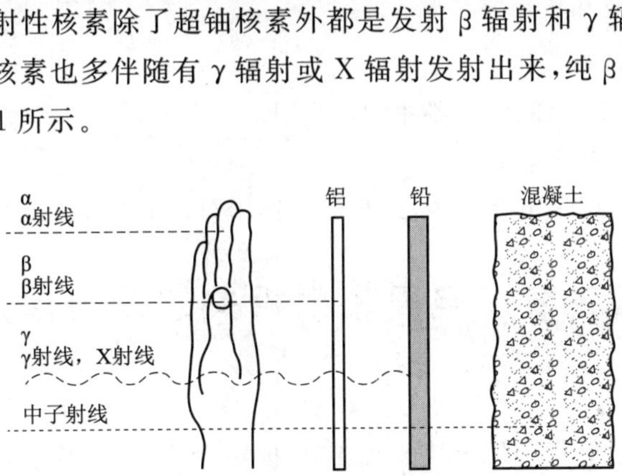

图 3-1　不同辐射的穿透能力

4. 电离辐射源的来源

生活中的辐射来源于天然辐射和人工辐射。

自然界中天然辐射有三个方面：

一是地球上的原生放射性核素：目前已知的有31种，其中包括三个天然放射系的衰变起始核。这三个放射系分别经过14次、11次和10次连续衰变后达到稳定核素。这三个起始核是铀-238、铀-235、钍-232。这些起始核和那些不成系列的放射性核素，半衰期都很长，因而从地球形成至今尚未衰变完。例如钾-40，半衰期12.6亿年，它在全部钾元素的原子中占的份额仍有万分之一还多些。

二是宇宙辐射：来自宇宙空间的初级及次级辐射，其中有些是能量非常高的粒子。初级宇宙辐射的来源并不都清楚。从外层空间到达地球的高能初级粒子以及它们与大气层空气相互作用产生的次级粒子所组成的辐射称宇宙辐射。

三是宇生核素：宇宙射线的高能粒子在地球大气中通过与稳定的原子发生核反应制造出来的放射性核素。

来自太空的宇宙辐射，有地球大气层保护我们。平均来说，到达大气层顶端的粒子，在每平方厘米的范围内，每分钟大约有60个，而在海平面处，每平方厘米的范围内，每分钟只有1.5个。这些穿透了厚厚大气层的粒子也是很难防护的了。在地面上宇宙射线造成的平均辐射剂量每年约有0.4 mSv。但在高山上、飞机上，大气层的保护作用就少多了。例如，从北京到欧洲飞机往返一次所受剂量就是0.04 mSv。大多数人乘飞机的时间并不多，去医院做一次CT胸部检查，就大约要受10 mSv剂量。

地球上的原生和宇生放射性核素，分布在岩石、土壤、水、空气中，既然有γ辐射的外照射，也会通过吸入和食入途径进入身体里形成内照射，总计每年的剂量约2 mSv(地上的外照射0.5 mSv，吸入1.2 mSv，食入0.3 mSv，全球平均值)，吸入内照射主要来源是氡气(及其衰变子体)，一般说室内的外照射剂量和氡浓度水平都比室外高，因为建筑材料中天然放射性核素也是产生氡的母体，国家对建材中的放射性和室内氡气的浓度都有控制标准，开窗通风可减少氡浓度。

人工辐射通常包括医疗辐射(放射诊断、放射治疗、核医学)、核试验、核电站、核燃料循环、核技术应用、核事故和核辐射事故等。

5. 电离辐射特点

(1) 看不见、摸不着，只能用仪器才能探测到；

(2) 有大小不等的穿透能力；

(3) 通过物质时能产生电离作用，正是电离作用对人的健康产生影响。

第二节　电离辐射相关的量与单位

1. 活度

放射性核素在单位时间内原子核的衰变数，即衰变率，称为放射性活度，用来表征放射性强弱。放射性活度单位：Bq(贝克)。

$$1\ \text{Bq}=1\ \text{次衰变/秒}$$

贝克是用来表示一个辐射源的强度(衰变率)。

另一个常用的旧的单位是Ci(居里):

$$1\ \mathrm{Ci}=3.7\times10^{10}\text{次衰变/秒}$$

$$1\ \mathrm{Ci}=3.7\times10^{10}\ \mathrm{Bq}$$

2. 吸收剂量

单位质量的物质(千克)吸收的辐射能量(焦耳),称为吸收剂量,是度量单位质量照射物质吸收辐射能量多少的一个量,定义为电离辐射授予某一体积元中物质的平均能量除以该体积元中物质的质量的商。

$$D=\frac{\mathrm{d}\bar{\varepsilon}}{\mathrm{d}m}$$

吸收剂量的单位:戈瑞,Gy,它定义为1 Gy=1 焦耳/千克(J/kg)。历史上曾使用过的单位:拉德,rad。

$$1\ \mathrm{Gy}=100\ \mathrm{rad}$$

每小时平均接受的吸收剂量称为吸收剂量率,单位为戈瑞/小时(Gy/h),也有毫戈瑞/小时(mGy/h),微戈瑞/小时(μGy/h)。

3. 当量剂量

不同种类的辐射(α、β、γ、中子)照射人体,虽使人体有相同的吸收剂量,但却会造成不同的伤害现象。

为此,针对不同种类的辐射定出辐射权重因数(W_R),代表不同辐射对人体组织造成不同程度的生物伤害,它们的值列于表3-1。

表3-1　辐射权重因子

辐射种类	辐射权重因子 W_R
光子、电子及介质(所有能量)	1
质子(不包括反冲质子)(能量大于2 MeV)	5
中子	5～20
α粒子、裂变碎片、重核	20

吸收剂量虽然适用于任何物质和任何辐射,但是辐射的生物效应不仅与单位质量的物质中吸收的能量有关,而且与这种能量吸收的微观分布关系很大。α辐射在生物组织中产生非常密集的电离即其能量损失率很高,对细胞的"杀伤力"就大。相比之下,β辐射和γ辐射产生的电离密度要稀疏得多,虽然β辐射的吸收剂量与α辐射的相同,但生物效应相差很大。另外,对于一个人来说,不同器官组织的敏感性及后果的严重性程度也不同,如果一部分器官受到辐射,如何考量辐射对人的危害呢?将吸收剂量用于防护,必须考虑这些因素后作出某些调整。

辐射防护使用两个"权重因子"对次作出调整:

(1) 辐射权重因子(W_R)

按照辐射类型规定W_R的数值,对器官或组织接受的平均吸收剂量"加权"(即相乘)调整后的量叫器官的当量剂量,用公式表示,当人体器官或组织受到β辐射时,器官当量剂量=器官的平均吸收剂量×辐射的权重因子(W_R)。举例说,对于α辐射,$W_\alpha=20$,对于β(或γ)辐射,$W_\beta=1$,若器官吸收的α辐射能量用吸收剂量度量时与β辐射剂量相同,用当量剂量度量就相差20倍。W_R反映了α辐射的“相对生物效能”比β辐射大得多。

(2) 组织权重因子(W_T)

按照人体各器官受到相同当量剂量的辐射对总危害的贡献大小确定其数值(分数),全身各器官的权重分数之和等于1。器官当量剂量用W_T乘,然后相加起来得到的量叫有效剂量。

当量剂量即为人体的器官或组织中的平均吸收剂量$D_{T,R}$与辐射权重因子W_R的乘积。

$$H_{T,R}=W_R\cdot D_{T,R}$$

式中:

W_R——辐射权重因子;

$D_{T,R}$——器官、组织的平均剂量;

当量剂量的单位:希沃特,简称希,Sv,也有毫希沃特(mSv)。

$$1\ \text{Sv}=1\ \text{J/kg}$$

历史上曾使用过的单位:雷姆,rem。

$$1\ \text{Sv}=100\ \text{rem}$$

从辐射权重因子数值可知,α粒子虽然穿透力很弱但健康危害却很大,如把铀-235等放射α粒子的同位素吃进体内,则会对体内组织造成较大伤害。

4. 有效剂量

当所考虑的效应是随机效应时,在全身受到不均匀照射的情况下,人体所有组织或器官的加权后的当量剂量之和。

$$E=\sum_T W_T\cdot H_T$$

式中:

W_T——组织T的权重因子;

H_T——器官或组织的当量剂量。

在日常职业照射中有效剂量和当量剂量用于评价全身或器官的辐射危险。

当量剂量、有效剂量等以“希”为单位的量是为了把剂量和生物效应联系起来。在这种剂量学量的设计上,采用了“平均吸收剂量”加权的做法,用来大致评价人所遭受的辐射危害,这在小剂量的情况下(如日常职业照射所遇到的情况)是适当的,因为剂量和效应成正比,这种效应的发生是“随机”性的。如果一个人在严重辐射事故中受到很大辐射剂量,而且照射又不均匀,用平均剂量显然不合适,而且剂量很大会出现确定性的效应,这种效应并不正比于剂量。所以在大剂量情况下,就应该用未加权的吸收剂量并考虑其后果。

用来表示X或γ射线在单位质量小体积元空气中,释放出来的全部电子(负电子和正电子)被完全阻止在空气中时,空气中形成的一种符号的离子总电荷的绝对值。

5. 照射量

照射量是用来表示X或γ辐射在空气中电离能力的大小。用来表示X或γ射线在单位质量小体积元(dm)空气中，释放出来的全部电子(负电子和正电子)被完全阻止在空气中时，空气中形成的一种符号的离子总电荷(dQ)的绝对值。

$$照射量 = dQ/dm$$

照射量的国际制单位：库仑/千克(C/kg)；惯用单位：伦琴(R)、毫伦(mR)、微伦(μR)。

$$1\ R = 2.58 \times 10^{-4}\ C/kg$$

第三节　辐射健康危害与辐射防护的基本方法

1. 如何衡量核污染？了解核污染情况的意义？

核污染应该理解为放射性核素污染或放射性污染，指的是我们所考虑的物质中或表面上，存在有不希望有的放射性物质的量，超过了其天然存在量并导致技术上的麻烦或危害。衡量污染程度可用物质单位体积中的放射性活度(简称活度、浓度，单位：贝克/立方米)或单位质量的活度(单位：贝克/千克)，对于表面污染，用单位面积上的放射性活度(称表面活度，单位：贝克/平方米)。

了解核污染情况可用估算内照射剂量。如果空气、水和土壤都受到污染，整个食物链都会受到影响，测量空气、水和食物中的污染量，就可大体估算出人可能受到的内照射剂量，进而做出相应的决断。

另外，从污染区域来的人，衣服上和身体上及物品上可能会有放射性尘埃(放射性气溶胶沉淀或受污染的土壤附着)，测量人体的表面污染也是必要的卫生措施。如有污染可以用多种方法去污(吹去或洗去放射性颗粒)，免得污染了清洁地方或危害自身的健康。

2. 辐射生物效应

辐射在本书中是指电离辐射的简称，电离辐射是能引起物质电离的带点粒子或不带电粒子构成的辐射。具有一定能量的带电粒子如 α 粒子和 β 粒子可以与原子中的电子直接碰撞后将其击出，形成一个离子对，称为直接电离。不带电离子例如 γ 射线、X 射线和中子引起的电离是它们与物质相互作用后产生的次级带电粒子引起的，称为次级电离。机体受到各种电离辐射的作用称为辐射照射，或简称照射。

各种辐射照射对人类的健康危害是在人类不断发现、利用各种电离辐射的过程中被认识到的。1895 年伦琴发现了 X 射线，时隔一年就有人报告操作人员手部皮肤损伤共 96 例。后来发现它不但可以引起皮肤溃疡还可导致皮肤癌。与此同时，贝克勒发现天然放射性，其后不久居里夫人发现镭，她因手持含镭容器手指受到烧伤。镭用于发光涂料之后，一些从事表盘涂镭工作的女工死于骨恶性肿瘤。第二次世界大战末期原子能被用于战争，结果造成空前的核灾难，原子弹爆炸引起的癌症病例至今仍在陆续出现。为制造原子弹而采铀的美国、德国、捷克等国家的一些矿工由于受到矿井下氡子体的作用死于肺癌。今天，随着辐射源和核能的广泛和平利用，在给人类带来巨大利益的同时，也使人类接触各种射线的机会明显增加。其中包括从事某种职业的过程中受到的照射，因接受医学诊断和治疗而受到的医疗照射，以及一般居民从所有其他辐射源受到的公众照射。因此，人类应该在最大限度利用电离辐射源和核能的同时加强辐射防护，尽量避免和减少电离辐射引起的健康危害。

人类接受辐射照射后出现的健康危害来源于各种射线通过电离作用引起组织细胞中原

子及由原子构成的分子的变化，这些变化也是原子激发的结果。电离和激发主要通过对DNA分子的作用使细胞受到损伤，导致各种健康危害。

3. 如何看待辐射健康危害?

电离辐射对健康的危害是存在的。但正如国际辐射防护委员会所强调的。对待电离辐射需要的是谨慎，而不是恐惧，而且电离辐射的危险应当与其他危险放在一起全面地衡量。只要现有的控制手段运用得当，在我们面临的众多危险当中，电离辐射照射的危害仍是次要的。我国核工业运行50多年，从未发生过致死性辐射照射事故，放射工作人员流行病调查结果显示，癌症死亡率低于全国中小城市水平，核设施周围儿童先天畸形比例在正常范围内。辐射是可防的，剂量是可控的，工作人员和居民的健康是有保障的。

4. 辐射防护

从科学上说，辐射防护是随着电离辐射的应用，特别是核反应堆出现以后的大规模工业应用，形成的一门新的具有实用性和综合性的边缘科学，可概括为：辐射防护是防护电离辐射对人及环境产生有害效应的科学。在技术层面上，辐射防护是为了达到总的安全目标开展的各方面技术工作，包括技术安全管理、辐射防护监测、辐射防护措施及辐射事故应急等，也与保证防止电离辐射危害的管理体系和法律相联系。

电离辐射和放射性物质在自然环境中天然存在着，人类发现了它们后找到了许多用途，开发的新技术为人类带来巨大利益的同时也产生了更多的放射性物质，在这种现实情况下，原则上说，辐射防护的主要目的是为人类提供一个适宜的防护标准而不至过分的限制照射的有益实践。具体说，辐射防护的目标就是使剂量保持在有关阈值以下，防止确定性效应发生，并保证采取合理的措施以减少随机性效应的诱发。

5. 外照射防护的基本方法

根据放射性射线对人体的作用方式，又可分为内照射和外照射。

外照射是指辐射源位于人体外对人体造成的辐射照射，包括均匀全身照射、局部受照。外照射可引起内部器官组织或皮肤的损伤。

在核电厂，可能引起外照射的射线是γ、β和中子。

通常认为α辐射没有外照射的危害，因为它不能穿透外层皮肤。外照射危害可以由β、X、γ射线或中子辐射产生它们都能穿透到人体的敏感器官。用以下三种方法来控制外照射危害(外照辐射的防护)：

(1) 时间防护(Time)：在具有特定剂量率的区域里工作的人，其积累剂量正比于他在该区域内停留的总时间。因此可以限制工作人员在该区域内停留的时间的方法来控制他所接受的剂量。

(2) 距离防护(Distance)：对于点源剂量率与距离的平方成反比。

(3) 屏蔽防护(Shielding)：屏蔽体的需要量取决于辐射的类型、源的放射性活度以及在屏蔽材料外面可接受的剂量率。

α射线穿透能力很差，一张普通薄纸就足以挡住。从人体外照射角度上，人在工作期间穿上工作服、工作鞋，戴上口罩、手套就可将α射线挡住，甚至还可以被人身上皮肤所阻挡。

所以不存在屏蔽问题。

6. 内照射防护的基本方法

内照射存在于人体内的放射性核素对人体造成的辐射称为内照射。

放射性物质进入人体的主要途径有：从消化道进入人体（食入）；从呼吸道进入人体（吸入）；从裸露伤口进入；通过皮肤渗入等进入人体。防护的关键在于切断造成内污染的各种途径。从防护的形式分为集体防护和个人防护。

内照射防护的原则采取各种技术和管理措施阻断放射性物质进入人体的各种途径。基本防护措施主要有：

(1) 包容和隔离

就是将放射性物质限制一定范围之内，不让其进入工作场所或环境，即从源头上控制放射性物质进入现场，如：生产各种物料管道、设备；物料容器、料桶、芯块柜；隔离房间、隔离小室等用于将放射性物质限制在一定范围之内的。

(2) 空气净化

通过空气过滤、除尘等方法，尽量降低空气中放射性粉尘或放射性气溶胶的浓度。

(3) 稀释

稀释是不断地排出被污染的空气并换以清洁空气，换气次数视空气被污染的水平确定。为防止环境的放射性污染，污染空气一般应该经过滤器过滤后才排入大气。

(4) 个人防护措施

就是污染场所佩戴口罩、工作服等；应急时佩戴空气呼吸器；污染区禁止吸烟、进食、饮水等；个人皮肤有伤口，未采取防止措施，不能进入污染工作场所。

压水堆核燃料元件制造中的核物料为低浓缩铀（铀-235 含量≤5%），存在弱放射性，衰变射线主要是 α 粒子，同时伴随有 β 射线和弱 γ 射线。可见核燃料元件制造生产线辐射防护重点为内照射防护。

7. 辐射防护原则

放射性活动遵循以下三个基本原则：

辐射实践的正当性原则，即对实践必须进行正当性判断，产生的利益应大于可能引起的伤害。

辐射防护最优化原则，即对任何照射，其剂量、受照人数均应保持在可合理达到的尽量低的水平。

遵守个人剂量限值，即对个人剂量进行限制，使其低于个人剂量限值。

第四节　放射性工作场所的分区

为了便于辐射防护管理和职业照射管理，将工作场所划分为监督区和控制区，监督区（白区）通常不需要专门的防护或安全措施，控制区划分为绿区、橙区、红区三个子区，并配置相应的防护用品。监督区和控制区的范围见表 3-2，控制标准见表 3-3。

后处理设施按四个区域的原则布置厂房。为了尽量减少放射性的污染和扩散，减少操作人员受射线照射的机会和时间,后处理厂一般都按放射性水平的高低把厂区分为红区、橙区、绿区、白区。

红区:放射性设备区,也称为沾污区。主要用来放置强放射性的设备,如设备室、热室、放射性管沟、强放取样柜和流线分析壁龛等。正常生产时要严格禁止人员进入。需要检修设备时,必须进行倒空、清洗,使剂量水平下降到允许水平以下。同时,在这个区域内,为防止污染气体逸出,通风系统应保持一定的负压。

橙区:放射性检修区,亦称为可能沾污区。在此区内,正常生产时的剂量率并不太高,此区内的设备、仪表和管道等通常在这里检修,往往造成地面和墙壁的污染。因此,在进入此区时,应配载相应的防护用品,如工作服、工作鞋、气衣等。

绿区:放射性操作区,亦称为较清洁区。主要包括操作间、量槽间、剂量间、试剂配制间和普通试验室等。

白区:非放射性工作区,亦称为清洁区。主要包括中央控制室、配电室等。

在厂房最容易沾染和危险性最大的地方,要安置固定的剂量监测仪表和报警仪,如γ剂量监测仪、中子监测仪、中子报警器等。对厂房空气中的放射性气体及气溶胶、厂房排出气体的放射性强度、生产下水中放射性元素的含量等,也要进行监测。对从事放射性操作的工作人员要进行接收剂量的测量,但更重要的是对他们进行放射性安全教育,提高严格执行工艺操作规程和安全防护措施的自觉性。

后处理尽可能采用远距离操作控制,为了防止生产设备中的有害射线穿透到操作间,必须有足够的厚度混凝土墙将生产设备与操作区分离开。所有的强放射性工艺设备应具有完全可靠的密闭性,并且把它们分类放置在用不锈钢板做复面的设备室内。操作人员根据遥控测量仪器、远距离传动阀和机械装置控制工艺的运行。

表 3-2 放射性工作场所分区表

分区		所属区域名称
监督区	白区(W)	210 总卫生出入口、中央控制室、剂量防护中心主控室、监控室、家庭服更换间、淋浴间、参观通道等
控制区	绿区(G)	操作间、值班室、测量间、控制间、210 工作服更换间、走道等
	橙区(A)	检修间、安装大厅、排风廊、过滤室等
	红区(R)	设备室、热室

表 3-3 辐射分区控制标准

分区		特征	人流控制	剂量率(μSv/h)
监督区		在放射性子项内不接触放射性工作的区域	不要求更换放射性工作服	≤2.5
	绿区	人员全班时间停留在本区也是安全的,事故时可能出现污染和照射,但能及时发现和排除	弱放射性子项经简易卫生出入口出入本区,其他子项必须经卫生入口才能进出本区	≤5

续表

分区		特征	入流控制	剂量率(μSv/h)
	橙区	人员不能长期停留的区域，检修人员需经辐射防护人员的允许，才能进入从事检修工作	高、中放子项必须经卫生闸门才能进出本区	≤25
控制区	红区	直接存放放射性物质的区域，外照射很强或污染很严重	不允许人员进入，特殊情况下只有经过全面去污，并制定辐射防护方案，采取有效防护措施后在辐射防护人员严密监护下，方能进入本区	

第五节　放射性去污方法

1. 去污的定义

用各种手段把放射性物质从被污染的表面清除的过程称为放射性污染的去污。

去污是对抗放射性污染的一种手段。一般说来、就是把污染面上的放射性全部清除掉，或降低到某种水平所经过的过程。去污的必要性：(1) 降低表面污染水平到足以保证所有工作人员不致受到高于某个限定水平的照射；(2) 清除对精确计数的干扰；(3) 允许进行日常的或其他方面维修工作；(4) 便于对物件进行安全处置或检修；(5) 使污染水平低到物件可以返回使用。因此，在实施使用放射性物质的有关规定，保障放射性工作人员和公众的健康以及保护环境方面，去除放射性污染占有重要地位。

去污实践表明，放射性污染实际上不可能也没必要完全去除。因为去污作业不但需要设备、材料和试剂，而且去污人员也要受到辐射照射，所以去污也存在最优化的问题。这就要考虑利益和代价的关系，去污到一定程度可作为固定污染处理。

2. 去污的方法及种类

通常我们把去污方法分为干法和湿法。干法主要利用力学原理去除放射性污染，湿法是利用液体介质的机械作用或液体介质与放射性污染物之间的物理化学作用。

- 干法：清扫、吹脱、真空吸脱；喷沙抛光；可剥离膜法；
- 湿法：喷射水和蒸汽；水或溶液加刷子去污；湿法喷沙抛光；超声波去污；化学法；电解；氟利昂法；泡沫去污等。

选择的去污方法应满足下列要求：(1) 能有效地去除放射性污染，使表面上残留的放射性活度不超过规定限值；(2) 对去污表面的腐蚀和破坏性小(用于核设施的退役时，如对材料的处置或回收，可用破坏性去污法)；(3) 产生的放射性废物应尽可能少；(4) 经济和安全。

3. 皮肤的去污

皮肤污染往往伴随着复杂的物理化学过程，污染时间愈久，愈难去污。

因此去污方法根据具体情况而定。如果手或其他皮肤裸露部分发生较轻的污染，可用香皂(或 EDTA-Na_2 去污皂)、软毛刷、温水反复洗刷，降到污染控制水平以下，最后用油脂涂润皮肤。

如果皮肤严重污染应立即用去污皂或去污液去污。初步去污后，根据核素的性质再选择合适的皮肤去污剂。

除普通香皂外，常用的皮肤去污剂有：

(1) EDTA-Na_2去污皂：对铀、混合裂变产物、钚有较好的去污效果。

(2) 去污皂：对铀、钚污染有较好的效果。

(3) 复合剂：用于混合裂变产物的去污。

注意事项：不宜用较浓(不超过 3 mol/L)的酸洗手，否则会产生肉眼看不见的皮肤龟裂，不仅不易去污，反而使放射性物质通过龟裂进入体内。

4. 个人防护用品的去污

(1) 乳胶手套污染时，在脱下之前，用肥皂或去污剂清洗。严重污染时不应使用。

(2) 工作服去污由专人负责进行，包括：接收、污染检查、分类、清洗、烘干、测量等步骤。

接收时，工作服按污染程度分组，以免交叉污染。对污染不严重的可直接用洗衣机清洗，对污染严重的，在清洗之前，应将严重污染部分进行处理或作为其他用途。否则可能造成其他工作服的再污染，为提高去污效果，洗涤时最好用软水。在专用洗衣房应附设有软化水装置。

5. 工作场所、仪器设备表面的去污

当表面被干的放射性粉尘污染时，可用吸尘器或湿抹布收集，并注意不要使污染扩散。

遇到低水平液态放射性物质污染时，先用吸水纸、棉花球擦拭，再用湿抹布擦到容许水平以下。如果有大量放射性液体外溢，可用手提式真空吸引器收集，再用碱面或草酸粉末吸干，然后用工具夹着抹布、用去污剂擦到容许水平以下。在上述去污过程中，同样应注意防止污染蔓延，严格禁止用手直接去污。

对于水泥地板、墙壁、木质工作台面等多孔性表面的污染，用一般的清洗是无效的，常用其他方法处理，例如，对水泥地板，将污染部分打掉；对木质表面，将污染部分刨去，然后喷刷油漆等。

第六节　灭火、防爆及防化学烧伤

一、火灾的分类

通过对可燃易燃物质的着火与灭火的研究，GB/T 4968—2008《火灾分类》中，根据可燃物的类型和燃烧特性将火灾分成如下六类：

A类火灾：指固体物质火灾，这种物质往往具有有机物性质，一般在燃烧时能产生灼热的余烬。如木料、棉、毛、麻、纸张等火灾。

B类火灾：指液体火灾和可熔化的固体物质火灾。如汽油、煤油、原油、甲醇、乙醇、磷酸三丁酯、沥青、石蜡等火灾。

C类火灾：指气体火灾。如煤气、天然气、甲烷、乙烷、氢气等火灾。

D类火灾：指金属火灾。如钾、钠、镁、钛、铝镁合金、金属车屑等火灾。

E类火灾：带电火灾。物体带电燃烧的火灾。

F类火灾：烹饪器具内的烹饪物（如动植物油脂）火灾。

火灾的分类不尽相同，如日本学者北川则将火灾分为六类，即气体火灾、油品火灾、可燃物火灾、电气火灾、金属火灾和过剩氧火灾。过剩氧火灾则是考虑到助燃物之多少而列为一类。众所周知，通常大面积火灾多发生在空气中，空气中的助燃物（氧化剂）氧气的体积分数 $\varphi(O_2)$ 可以认为是恒定的21%，而当空气中 $\varphi(O_2)$ 超过正常数值时，会急剧增加可燃物的燃烧速度，增大了单位时间内所生产的热量，甚至导致在空气中燃烧物质的燃烧，这是不容忽视的一种类型。如棉布在水平方向燃烧时，当空气中 $\varphi(O_2)$ 为30%时，其燃烧速度比在正常空气中约快2倍。

二、灭火的基本方法

燃烧必须具备三个要素：着火源、可燃物、助燃剂（如氧气）。灭火就是要破坏已经形成的燃烧条件，使其不致着火燃烧。根据燃烧的三个条件，可以采取除去可燃物，隔绝助燃物（氧气），将可燃物冷却到燃点以下温度等灭火措施。

1. 冷却灭火法

将灭火剂直接喷射到燃烧的物体上，以降低燃烧物的温度于燃点之下，使燃烧停止；或者将灭火剂喷洒在货源附近的可燃物上，使其不因火焰热辐射作用而形成新的火点。冷却灭火法是灭火的一种主要方法，常用水作灭火剂，适用于一般木材、各种纤维及可溶（或半溶）于水的可燃液体着火，但带电火灾在未切断电源前不能用水扑救，否则容易发生触电事故。此外还有用液态卤代烷等作灭火剂。

采用水灭火时，应注意与火源保持一定距离，防止烧伤。

特别注意以下几种情况的火灾不能用水救：

(1) 遇水燃烧物，如金属钾、钠、钙等；

(2) 比水轻（密度低于水），且不溶于水的易燃液体，如醇类、酮类、脂类、油品等。

(3) 与水反应生成有毒或腐蚀性气体的物品，如磷化铝、磷化锌等；

(4) 未切断电源的电气、高温设备；

(5) 对储存硫酸、硝酸等场所，如遇加压水流会沸腾飞溅；

(6) 还在燃烧的金属铀屑也不能用水灭火，因在高温下，金属铀屑会与水发生反应生成氢气，会产生爆炸。

2. 隔离灭火法

将火源与火源附近的可燃物隔开，中断可燃物的供给，控制火势蔓延。具体措施有：

(1) 用妥善的方法迅速移去火源附近的可燃易燃、易爆和助燃物品；

(2) 关闭可燃气体、液体管道的阀门，切断或减少可燃物进入燃烧区域；

(3) 阻堵着火液体流淌；

(4) 火势严重时，及时拆除与火源毗邻的易燃建筑物，建立隔离带；

(5) 封闭着火建筑物的空洞，堵塞或改变火势蔓延途径。

3. 窒息灭火法

用不燃物或难燃物覆盖、包围燃烧物，阻止空气或其他助燃物与燃烧物接触，抑制燃烧。采用窒息灭火法的具体措施有：

(1) 用不燃物或难燃物，如沙土、石粉、石棉布、防火毯、湿麻袋、浸水布单(衣)等直接覆盖在燃烧物表面；

(2) 将不燃气体灌入燃烧容器内，如氮气、水蒸气；

(3) 封闭容器孔洞；

(4) 使用各种灭火剂，如泡沫、干粉、二氧化碳、水蒸气等。

4. 抑制灭火法

降低燃烧系统中可燃物或助燃物的浓度，可以很好地抑制燃烧。实际操作中最有效的办法是将对燃烧不活泼的气体充入燃烧系统中，以稀释可燃物和助燃物的浓度。如用压缩氮气、二氧化碳灭火。

不管是哪种灭火方法，首先要在保障自己的生命安全前提下迅速灭火。一旦发生火情，岗位人员应冷静沉着，及时采取灭火措施，防止火势的蔓延。应立即切断电源，关闭燃气阀门，移走可燃物，用湿布或石棉布覆盖火源灭火。或根据具体情况，选用适当的灭火器进行灭火，并立即与有关部门联系，请求救援。若衣服着火时，不可慌张乱跑，应立即用湿布或石棉布灭火；如果燃料面积较大，可躺在地上打滚。

三、灭火器的种类及使用方法

灭火器的种类很多，按其移动方式可分为：手提式和推车式；按驱动灭火剂的动力来源可分为：储气瓶式、储压式、化学反应式；按所充装的灭火剂则又可分为：泡沫、干粉、卤代烷、二氧化碳、酸碱、清水等。

1. 泡沫灭火器

适用范围：适用于扑救一般B类火灾，如油制品、油脂等火灾，也可适用于A类火灾，但不能扑救B类火灾中的水溶性可燃、易燃液体的火灾，如醇、酯、醚、酮等物质火灾；也不能扑救带电设备及C类和D类火灾。

使用方法：

手提筒体上部的提环，迅速奔赴火场。这时应注意不得使灭火器过分倾斜，更不可横拿或颠倒，以免两种药剂混合而提前喷出。当距离着火点10 m左右，即可将筒体颠倒过来，一只手紧握提环，另一只手扶住筒体的底圈，将射流对准燃烧物。在扑救可燃液体火灾时，如已呈流淌状燃烧，则将泡沫由远而近喷射，使泡沫完全覆盖在燃烧液面上；如在容器内燃烧，应将泡沫射向容器的内壁，使泡沫沿着内壁流淌，逐步覆盖着火液面。切忌直接对准液面喷射，以免由于射流的冲击，反而将燃烧的液体冲散或冲出容器，扩大燃烧范围。在扑救固体物质火灾时，应将射流对准燃烧最猛烈处。灭火时随着有效喷射距离的缩短，使用者应逐渐向燃烧区靠近，并始终将泡沫喷在燃烧物上，直到扑灭。使用时，灭火器应始终保持倒置状态，否则会中断喷射。

(手提式)泡沫灭火器存放应选择干燥、阴凉、通风并取用方便之处，不可靠近高温或可能受到曝晒的地方，以防止碳酸分解而失效；冬季要采取防冻措施，以防止冻结；并应经常擦除灰尘、疏通喷嘴，使之保持通畅。

2. 推车式泡沫灭火器

其适应火灾与手提式化学泡沫灭火器相同。

使用方法：

使用时，一般由两人操作，先将灭火器迅速推拉到火场，在距离着火点 10 m 左右处停下，由一人施放喷射软管后，双手紧握喷枪并对准燃烧处；另一个则先逆时针方向转动手轮，将螺杆升到最高位置，使瓶盖开足，然后将筒体向后倾倒，使拉杆触地，并将阀门手柄旋转90°，即可喷射泡沫进行灭火。如阀门装在喷枪处，则由负责操作喷枪者打开阀门。

灭火方法及注意事项与手提式化学泡沫灭火器基本相同，可以参照。由于该种灭火器的喷射距离远，连续喷射时间长，因而可充分发挥其优势，用来扑救较大面积的储槽或油罐车等处的初起火灾。

3. 空气泡沫灭火器

(1) 适用范围：

适用范围基本上与化学泡沫灭火器相同。但抗溶泡沫灭火器还能扑救水溶性易燃、可燃液体的火灾，如醇、醚、酮等溶剂燃烧的初起火灾。

(2) 使用方法：

使用时可手提或肩扛迅速奔到火场，在距燃烧物 6 m 左右，拔出保险销，一手握住开启压把，另一手紧握喷枪；用力捏紧开启压把，打开密封或刺穿储气瓶密封片，空气泡沫即可从喷枪口喷出。灭火方法与手提式化学泡沫灭火器相同。但空气泡沫灭火器使用时，应使灭火器始终保持直立状态、切勿颠倒或横卧使用，否则会中断喷射。同时应一直紧握开启压把，不能松手，否则也会中断喷射。

4. 酸碱灭火器

(1) 适应范围：

适用于扑救 A 类物质燃烧的初起火灾，如木、织物、纸张等燃烧的火灾。它不能用于扑救 B 类物质燃烧的火灾，也不能用于扑救 C 类可燃性气体或 D 类轻金属火灾。同时也不能用于带电物体火灾的扑救。

(2) 使用方法：

使用时应手提筒体上部提环，迅速奔到着火地点。决不能将灭火器扛在背上，也不能过分倾斜，以防两种药液混合而提前喷射。在距离燃烧物 6 m 左右，即可将灭火器颠倒过来，并摇晃几次，使两种药液加快混合；一只手握住提环，另一只手抓住筒体下的底圈将喷出的射流对准燃烧最猛烈处喷射。同时随着喷射距离的缩减，使用人应向燃烧处推近。

5. 二氧化碳灭火器

灭火时只要将灭火器提到或扛到火场，在距燃烧物 5 m 左右，放下灭火器拔出保险销，一手握住喇叭筒根部的手柄，另一只手紧握启闭阀的压把。对没有喷射软管的二氧化碳灭火器，应把喇叭筒往上板 70°～90°。使用时，不能直接用手抓住喇叭筒外壁或金属连线管，防止手被冻伤。灭火时，当可燃液体呈流淌状燃烧时，使用者将二氧化碳灭火剂的喷流由近而远向火焰喷射。如果可燃液体在容器内燃烧时，使用者应将喇叭筒提起。从容器的一侧上部向燃烧的容器中喷射。但不能将二氧化碳射流直接冲击可燃液面，以防止将可燃液体冲出容器而扩大火势，造成灭火困难。

推车式二氧化碳灭火器一般由两人操作，使用时两人一起将灭火器推或拉到燃烧处，在离燃烧物 10 m 左右停下，一人快速取下喇叭筒并展开喷射软管后，握住喇叭筒根部的手柄,另一人快速按逆时针方向旋动手轮,并开到最大位置。灭火方法与手提式的方法一样。

使用二氧化碳灭火器时,在室外使用的,应选择在上风方向喷射。在室外内窄小空间使用的,灭火后操作者应迅速离开,以防窒息。

6. 1211手提式灭火器

使用时,应将手提灭火器的提把或肩扛灭火器带到火场。在距燃烧处5 m左右,放下灭火器,先拔出保险销,一手握住开启把,另一手握在喷射软管前端的喷嘴处。如灭火器无喷射软管,可一手握住开启压把,另一手扶住灭火器底部的底圈部分。先将喷嘴对准燃烧处,用力握紧开启压把,使灭火器喷射。当被扑救可燃烧液体呈现流淌状燃烧时,使用者应对准火焰根部由近而远并左右扫射,向前快速推进,直至火焰全部扑灭。如果可燃液体在容器中燃烧,应对准火焰左右晃动扫射,当火焰被赶出容器时,喷射流跟着火焰扫射,直至把火焰全部扑灭。但应注意不能将喷流直接喷射在燃烧液面上,防止灭火剂的冲力将可燃液体冲出容器而扩大火势,造成灭火困难。如果扑救可燃性固体物质的初起火灾时,则将喷流对准燃烧最猛烈处喷射,当火焰被扑灭后,应及时采取措施,不让其复燃。1211灭火器使用时不能颠倒,也不能横卧,否则灭火剂不会喷出。另外在室外使用时,应选择在上风方向喷射;在窄小的室内灭火时,灭火后操作者应迅速撤离,因1211灭火剂也有一定的毒性,以防对人体的伤害。

7. 推车式1211灭火器

灭火时一般由二个操作,先将灭火器推或拉到火场,在距燃烧处10 m左右停下,一人快速放开喷射软管,紧握喷枪,对准燃烧处;另一个则快速打开灭火器阀门。灭火方法与手提式1211灭火器相同。

四、防爆常识

有的物资在某些化合物的作用下(如受热、受压、撞击等),能发生剧烈化学反应,瞬时产生大量的气体和热量,使周围压力急骤上升,发生爆炸,爆炸往往会造成重大的危害,因此在使用易爆炸物品(如若味酸等)时,要十分小心。有些药品单独存放或使用时,比较稳定,但若与其他药品混合时,就会变成易爆品,十分危险。表3-4列举了常规的易爆混合物。

乙醚、异丙醚、四氢呋喃及其他醚类吸收空气中氧形成不稳的过氧化物,受热、震动或摩擦时会产生极猛烈的爆炸。

氨-银络合物长期静置或加热时产生氮化银,这种化合物即使在湿润状态也会产生爆炸。

有些气体本身易燃,属易燃品,若再与空气或氧气混合,遇明火就会爆炸,变得更加危险,存放与使用时要格外小心。加热含有高氯酸或高氯酸盐的溶液,防止蒸干和引进有机物,以免产生爆炸。

表3-5中列出了常见气体在空气中的爆炸极限(可燃性极限)。爆炸极限是当可燃性气体、可燃液体的蒸气与空气混合达到一定浓度时,遇到火源就会发生爆炸。遇到火源能够发生爆炸的浓度范围称爆炸极限,通常用可燃气体、蒸气在空气中的体积百分比(%)来表示。可燃气体、蒸气与空气的混合物并不是在任何混合比例下都有可能发生爆炸,而是在一定浓度范围内才有爆炸的危险。如果可燃气体、蒸气在空气中的浓度低于爆炸下限,遇到明火既

不会爆炸，也不会燃烧；高于爆炸上限，遇明火虽不会爆炸，但能燃烧。

表 3-4 常见的易爆混合物

主要物质	互相作用的物质	产生结果	主要物质	互相作用的物质	产生结果
浓硝酸、硫酸	松节油、乙醇	燃烧	硝酸盐	酯类、乙酸钠、氯化亚锡	爆炸
过氧化氢	乙酸、甲醇、丙酮	燃烧	过氧化物	镁、锌、铝	爆炸
溴	磷、锌粉、镁粉	燃烧	钾、钠	水	燃料、爆炸
高氯酸钾	乙醇、有机物	爆炸	赤磷	氯酸盐、二氧化铝	爆炸
氯酸盐	硫、磷、铝、镁	爆炸	黄磷	空气、氧化剂、强酸	爆炸
高锰酸钾	硫磺、甘油、有机物	爆炸	乙炔	银、铜、汞(Ⅱ)化合物	爆炸
硝酸铵	锌粉和少量水	爆炸			

表 3-5 可燃气体、蒸气与空气混合时的爆炸极限(可燃性极限)/体积%

物质名称及分子式	爆炸下限	爆炸上限	物质名称及分子式	爆炸下限	爆炸上限	物质名称及分子式	爆炸下限	爆炸上限
氢 H_2	4.1	75	丁酮 C_6H_8O	1.8	9.5	糖醛 $C_5H_4O_2$	2.1	—
一氧化碳 CO	12.5	75	氯甲烷 H_3Cl	8.3	18.7	甲基乙基醚 C_3H_8O	2.0	10.0
硫化氢 H_2S	4.3	45.4	氯丁烷 C_4H_9Cl	1.9	10.1	二乙醚 $C_4H_{10}O$	1.9	36.5
甲烷 CH_4	5.0	15.0	乙酸 $C_2H_4O_2$	5.4	—	溴甲烷 CH_3Br	13.5	14.5
乙烷 C_2H_6	3.2	12.5	甲酸甲脂 $C_2H_4O_2$	5.1	22.7	溴乙烷 C_2H_5Br	6.8	11.3
庚烷 C_7H_{15}	1.1	6.7	乙酸乙脂 $C_2H_8O_2$	2.2	11.4	乙胺 C_2H_7N	3.6	13.2
乙烯 C_2H_4	2.8	28.6	乙酸丁脂 $C_6H_{12}O_2$	1.4	7.6	二甲胺 C_2H_7N	2.8	14.4
丙烯 C_3H_6	2.0	11.1	吡啶 C_5H_5N	1.8	12.4	水煤气	6.7	69.5
乙炔 C_2H_2	2.5	80.0	氨 NH_3	15.5	27.0	高炉煤气	40～50	60～70
苯 C_6H_6	1.4	7.6	松节油 $C_{10}H_{16}$	0.80	—	半水煤气	8.1	70.5
甲苯 C_7H_8	1.3	6.8	甲醇 CH_4O	6.7	36.5	焦炉煤气	6.0	30.0
环已烷 C_6H_{12}	1.3	7.8	乙醇 C_2H_6O	3.3	19.0	发生炉煤气	20.3	73.7
丙酮 C_3H_6O	2.6	12.8						

五、化学烧伤的急救方法

1. 化学烧伤的种类和性状

化学烧伤的伤因可分两大类：一为强碱烧伤，如石灰、苛性钠、苛性钾等；二为强酸烧伤，如王水、盐酸、硫酸、硝酸、磷酸等。碱性烧伤，其渗透性强，深入皮下后使细胞脱水、溶解组织蛋白，形成强碱蛋白化合物，致使创面加深，造成更严重的深层组织破坏；强酸烧伤，可立即引起组织蛋白的凝固，使组织脱水形成厚痂，其厚痂有利于阻止酸液继续向深层组织内渗透，可减少组织损伤；磷酸烧伤，在战时或工农业生产中常有发生。由于磷化合物遇空气极易燃烧,氧化后变成五氧化二磷,成为一种毒性很强的物质。磷烧伤后,如果没有彻底清除皮肤上残留的磷质,磷可在皮肤上或伤口内继续燃烧,造成继发的更深与重大面积的烧伤。皮肤上或伤口内的残留磷一旦被体内吸收,又可引起全身磷中毒。

2. 化学烧伤的急救处理

(1) 一般处理原则是立即解脱被化学物质浸渍的衣物,连续大量清水冲洗,时间应较长。应特别注意眼部与五官的冲洗,否则损伤后可因而致盲或其他后果。急救时使用中和剂等并非上策,除耽误时间外,还可因匆忙中选择不当或中和反应中产热而加重损害。早期输液量可稍多,加用利尿剂以排出毒性物质。深度烧伤应尽早切除坏死组织并植皮。已明确为化学毒物致伤者,应选用相应的解毒剂或对抗剂。磷进入伤口或皮下后,可引起严重肝、肾中毒,故在很小面积磷烧伤时,也常有致人于死命的危险。磷烧伤后可先用清水冲洗几遍,然后用1%～5%硫酸铜溶液浸湿纱布敷在伤处,使残留的磷生成二磷化二铜(不再燃烧),最后再用3%双氧水或5%小苏打水冲洗,使磷渣再氧化成磷酐(无毒)。在磷烧伤处理时禁用油或凡士林纱布包扎,因磷易溶于油脂,会促使人体中毒,故在终末包扎时,在用5%小苏打水冲洗后,用纱布包扎最好。

(2) 酸烧伤急救时用大量清水冲洗伤处,随后按一般烧伤处理。此外,有些腐蚀性酸烧伤:如石炭酸,其脱水作用不如上述强酸,但可吸收进入血循环而损害肾。石炭酸不易溶解于水,清水冲洗后,可以70%酒精清洗。又如氢氟酸,其穿透性很强,能溶解脂质,继续向周围和深处侵入,扩大与加深的损害作用明显。立即处理仍为大量清水冲洗,随后用5%～10%葡萄糖酸钙(0.5 mL/cm^2)加入1%普鲁卡因刨周浸润注射,使残存的氢氟酸化合成氟化钙,可停止其继续扩散与侵入。

(3) 碱烧伤急救时应大量清水冲洗,冲洗时间更应延长。深度碱烧伤适合早期切痂与植皮。碱烧伤中的生石灰(氢氧化钙)和电石(CaC_2)的烧伤必须在清水冲洗前,先去除伤处的颗粒或粉末,以免加水后产热。

(4) 磷烧伤急救时应将伤处浸入水中,以隔绝氧气,切忌暴露于空气中,以免继续燃烧。应在水下移除磷粒,用1%硫酸铜涂布,可形成无毒性的磷化铜,便于识别和移除。但必须控制硫酸铜的浓度不超过1%,如浓度过高,反可招致铜中毒。忌用油质敷料,因磷易溶于油脂,而更易吸收;适用3%～5%碳酸氢钠湿敷包扎。深度创面尽早切除与植皮。磷烧伤应特别注意全身中毒问题。

(5) 如误服强碱、强酸类腐蚀剂,不论服量多少,均可烧坏口腔、咽喉、食管与胃的黏膜,严重者可烧坏肌层直至穿孔。因此,解救时不可立即催吐或洗胃,以免食道与胃破裂或穿孔;可针对服用的强碱或强酸种类,将相应的中和溶液灌入,同时灌入牛奶、鸡蛋清、植物油或面糊等流体,以求保护好食管与胃黏膜,赢得抢救时间。

(6) 无论何种化学烧伤,也无论是外烧伤或内烧伤,均应迅速、安全地送医院救治,万不可留在家庭自行处理。

3. 酸烧伤

常见的为硫酸、盐酸、硝酸烧伤。此外还有氢氟酸、石炭酸、草酸烧伤等。它们的特点是使组织脱水,蛋白沉淀、凝固,故烧伤后创面迅速成痂、界限清楚,因此限制了继续向深部侵蚀。

(1) 硫酸、盐酸、硝酸烧伤:硫酸、盐酸、硝酸烧伤发生率较高,占酸烧伤的80.6%。硫酸烧伤创面呈黑色或棕黑色;盐酸者为黄色;硝酸者为黄棕色。此外,颜色改变与创面深浅也有关系,潮红色最浅,灰色、棕黄色或黑色较深。

硫酸、盐酸、硝酸在液态时可引起皮肤烧伤,气态时吸入可致吸入性损伤。三种酸比较,在同样浓度下,液态时硫酸作用最强,气态时硝酸作用最强。气态硝酸吸入后,数小时即可出现肺水肿。它们口服后均可造成上消化道烧伤、喉水肿及呼吸困难,甚至溃疡穿孔。

其处理同化学烧伤的急救处理原则。冲洗后,可用5%碳酸氢钠溶液或氧化镁、肥皂水等中和留在皮肤上的氢离子,中和后,仍继续冲洗。创面采用暴露疗法。吸入性损伤按其常规处理。

(2) 氢氟酸烧伤:氢氟酸是氟化氢的水溶液,无色透明,具有强烈腐蚀性,并具有溶解脂肪和脱钙的作用。氢氟酸烧伤后,创面起初可能只有红斑或皮革样焦痂,随后即发生坏死,向四周及深部组织侵蚀,可伤及骨骼使之坏死,形成难以愈合的溃疡,伤员疼痛较重。10%氢氟酸有较大的致伤作用,而40%则对皮肤浸润较慢。

氢氟酸烧伤后,关键在于早期处理。应立即用大量流动水冲洗,至少半小时,也有主张冲洗1~3小时。冲洗后,创面可涂氧化镁甘油(1∶2)软膏,或用饱和氯化钙或25%硫酸镁溶液浸泡,使表面残余的氢氟酸沉淀为氟化钙或氟化镁。忌用氨水,以免形成有腐蚀性的二氟化铵(氟化氢铵)。如疼痛较剧,可用5%~10%葡萄糖酸钙(0.5 mL/cm^2)加入1%普鲁卡因内行皮下及创周浸润,以减轻进行性损害。

(3) 石炭酸烧伤:石炭酸吸收后主要对肾脏产生损害。其腐蚀、穿透性均较强,对组织有进行性浸润损害,故急救时首先用大量流动冷水冲洗,然后再用70%酒精冲洗或包扎。

(4) 草酸烧伤:皮肤、黏膜接触草酸后易形成粉白色顽固性溃烂,且草酸与钙结合使血钙降低,故处理时在用大量冷水冲洗的同时,局部及全身应及时应用钙剂。

4. 碱烧伤

临床上常见的碱烧伤有苛性碱、石灰及氨水等,其发生率较酸烧伤为高。碱烧伤的特点是与组织蛋白结合,形成碱性蛋白化合物,易于溶解,进一步使创面加深;皂化脂肪组织;使细胞脱水而致死,并产热加理损伤。因此它造成损伤比酸烧伤严重。

(1) 苛性碱烧伤:苛性碱是指氢氧化钠与氢氧化钾,具有强烈的腐蚀性和刺激性。其烧伤后创面呈粘骨或皂状焦痂,色潮红,一般均较深,通常在深Ⅱ度以上,疼痛剧烈,创面坯煞费苦心组织脱落后,创面凹陷,边缘潜行,往往经久不愈。

其处理关键在于早期及时流动冷水冲洗,冲洗时间要长,有人主张冲洗24小时,不主张用中和剂。深度创面亦应早期切痂。误服苛性碱后禁忌洗胃、催吐,以防胃与食道穿孔,可用小剂量橄榄油、5%醋酸或食用醋、柠檬汁口服。

(2) 石灰烧伤:生石灰(氧化钙)与水生成氢氧化钙(熟石灰),并放出大量的热。石灰烧伤时创面较干燥呈褐色,较深。注意用水冲洗前,应将石灰粉末擦拭干净,以免产热加重创面。

(3) 氨水烧伤:氨水极易挥发释放氨,具有刺激性,吸入后可发生喉痉挛、喉头水肿、肺水肿等吸入性损伤。氨水接触之创面浅度者有水泡,深度者干燥呈黑色皮革样焦痂。表3-6列出了常见化学烧伤的急救处理方法。

表 3-6 常见化学烧伤的急救处理方法

化学试剂种类	急救处理方法
碱类：氢氧化钠(钾)、氨、氧化钙、碳酸钾	立即用大量水冲洗，然后用 2%乙酸溶液冲洗，或撒敷硼酸粉，或用 2%硼酸水溶液洗。如为氧化钙灼伤，可用植物油涂敷伤处
碱金属氰化物、氢氰酸	先用高锰酸钾溶液冲洗，再用硫化铵溶液冲洗
氢氟酸	先用大量冷水冲洗直至伤口表面发红，然后用 5%碳酸氢钠溶液洗，再以甘油与氧化镁(2∶1)悬浮液涂抹，再用消毒纱布包扎；或用 0.1%氯化苄烷铵水或冰镇乙醇溶液浸泡
苯酚	先用大量水冲洗，然后用(4+1)70%乙醇-氯化铁(1 mol/L)混合溶液洗
硝酸银	先用水冲洗，再用 5%碳酸氢钠溶液漂洗，涂油膏及磺胺粉
酸类：硫酸、盐酸、硝酸、乙酸、甲酸、草酸、苦味酸	先用大量水冲洗，然后用 5%碳酸钠溶液冲洗

第四章　乏燃料和乏燃料后处理

学习目标：通过学习掌握乏燃料的性质与特点，了解乏燃料后处理的任务。了解乏燃料后处理的发展历程以及普雷克斯流程的特点和基本过程。

第一节　乏燃料的性质和特点

乏燃料是指在核反应堆中，辐照达到计划卸料的比燃耗后从堆中卸出，且不再在该堆中使用的核燃料。对反应堆中用过的核燃料所进行的化学处理，以除去裂变产物等杂质并回收易裂变核素和可转换核素以及一些其他可利用物质的过程，称为乏燃料后处理。

随着核电工业的发展，动力堆乏燃料后处理的重要性与日俱增。和生产堆乏燃料相比，动力堆乏燃料的不同特点主要表现在下面几方面。

一、燃料富集度较高

生产堆燃料一般使用铝壳天然铀元件，而动力堆燃料绝大多数使用富集度为2%～5%的低富集铀，并用锆合金或不锈钢作包壳材料。

二、乏燃料的比活度高

生产堆乏燃料由于受^{240}Pu含量的限制，一般的燃耗只有几百 MW·d/t；而动力堆乏燃料的燃耗高达几千至几万 MW·d/t。由此带来动力堆乏燃料的比活度要比生产堆高得多，即使冷却150天后，每千克铀的放射性活度仍达几千万 MBq。

三、钚镎等超铀元素的含量高

由于动力堆的高比功率和高燃耗，使乏燃料中钚、镎、镅、锔等超铀元素的含量增加。比如，生产堆乏燃料中的钚的含量仅为0.2～0.6 kg/t，而轻水堆（主要的动力堆型）乏燃料中的钚的含量却比它高10倍以上，达到8～10 kg/t；除钚以外的超铀元素含量，前者约为0.002 kg/t，而后者却高达1 kg/t(U)左右。

四、裂变元素的相对组成发生变化

动力堆乏燃料与生产堆乏燃料相比，不但裂变元素的总量大大增加，而且各裂变元素相对组成也发生了变化。比如，钌的相对含量增高，氚的含量达到在废气处理中必须认真考虑的程度等。

第二节　乏燃料后处理的主要特点

乏燃料后处理是一种放射化工过程，具有与一般化工过程不同的显著特点：

一、有临界事故的危险

在后处理过程中,有相当数量的易裂变核素存在因而有发生临界事故的危险。一旦出现这种事故,即使不是发生爆炸,仅其产生的强中子和 γ 辐射以及放射性物质的扩散,也会造成严重的后果。因此要采取充分的安全措施以防止发生临界事故。

常用的方法有限制易裂变物质的质量、浓度,限制工艺设备系统的尺寸和使用能大量吸收中子的中子毒物等。

二、强放射性

辐照核燃料在后处理前虽然经过一段时间的放置,但在后处理时仍具有很强的放射性。因此,后处理过程必须要在有厚的重混凝土防护的密封室中进行,并实行远距离操作控制,以保护操作人员和防止环境污染。设备的维修也必须实行远距离操作或对设备进行充分的放射性去污后进行直接维修。强放射性对物质有分解作用,会对所用的化学试剂如萃取剂和化学过程产生影响。

三、高的技术要求和指标

乏燃料后处理的主要目的是回收核燃料物质。根据这些物质进一步加工的方式、方法的不同,对净化有不同的要求。但是,一般都要求对经后处理回收的核燃料物质在进行再加工时要能做到不需要昂贵的防护和远距离操作设备。这就要求后处理过程具有高的净化系数,如 10^7,高的铀钚分离系数,如 10^8,从而得到优质的铀、钚产品。这些都是远高于一般化工分离过程的要求。此外,还要求对核燃料物质有尽可能高的回收率。产品收率是后处理工厂的一项重要指标。一般水法流程对铀的回收率可以达到 99.8%以上,对钚的回收率可以达到 99.5%以上。

第三节 乏燃料后处理的任务

乏燃料后处理厂的任务归纳起来大致有以下四项:

(1) 提取并纯化辐照生成的裂变物质,如 ^{235}U、^{239}Pu 和 ^{233}U 等。

(2) 回收并纯化没有燃烧完的裂变物质和尚未转化的转换材料,如 ^{235}U、^{238}U、^{232}Th。

(3) 提取裂变同位素和超铀元素,例如 ^{90}Sr、^{137}Cs、^{241}Am、^{244}Cm。

(4) 安全处理和处置放射性废物。为了完成前三项任务,会产生大量的放射性水平不同的废气、废液和固体废物,后处理厂必须对这些放射性废物进行安全处理和妥善处置。这也是后处理厂一项主要任务。

第四节 首端的任务

201 子项首端岗位接受来自 101 子项的乏燃料组件,对组件进行整束剪切,剪切后的乏燃料短段落入溶解器后进行溶解,然后对溶解液进行沉降离心。沉降离心后进行铀、酸浓度及钚价态的调节来制备 1AF 料液。另外,对剪切下来的端头及溶解后的包壳进行洗涤、处理。

第五节　乏燃料后处理技术的发展历程

目前使用最广泛的乏燃料后处理技术普雷克斯(Purex)流程最初是为生产武器级钚而发展起来的。

不论是民用还是军用,核反应堆的运行可使燃料棒中的一部分^{238}U转化为^{239}Pu。钚又可用于发电或制造核武器。通过乏燃料后处理,可使^{239}Pu与铀及其他元素实现化学分离。核电厂由于要尽量产生更多的能量,所以核燃料在反应堆中的辐照时间一般都比较长,卸出的乏燃料通常是高燃耗的。相反的,为提取武器级钚而运行的反应堆,要求燃耗都不是很大,卸出的乏燃料通常是低燃耗的,这主要是为了限制^{240}Pu的生成量。通常武器级钚的燃耗约为 1 000 MW・d/tU 以下,而轻水动力堆的燃耗一般为 30 000 MW・d/tU 或更高。

20 世纪 50 年代以前,就工业规模的后处理厂而言,早期美国和原苏联开发采用的都是共沉淀流程。它是利用不同元素化合物溶解度的不同进行元素分离的,该法的主要缺点是燃料回收率低、分离系数小、废液量大、设备复杂不易实现连续自动化操作等。50 年代建成的几个后处理厂都采用溶剂萃取流程。溶剂萃取是利用被处理物质在有机溶剂和水相中分配系数的差别,进行不同元素的萃取、分离和纯化。它的优点是选择性高,适应性大,易于实现连续自动操作。美国汉福特后处理厂首先使用甲基异丁基酮(MIBK)做为萃取剂,该流程被称为雷道克斯流程(Redox),在 1951 年到 1967 年期间运行。英国早期采用 β、β～-二丁基氧二乙基醚为萃取剂的布特克斯流程(Butex)于温茨凯尔工厂,该流程一直使用到 20 世纪 70 年代。俄罗斯车里雅宾斯克-65 后处理厂所用的第一种流程,是从硝酸溶液中以乙酸盐的形式(乙酸铀酰钠和乙酸钚酰钠)提取铀和一些钚。1954 年美国萨凡纳河工厂开始使用以磷酸三丁酯(TBP)为萃取剂的普雷克斯流程(Purex)处理辐照核燃料。后来,普雷克斯流程(Purex)由于独特的优势替代雷道克斯流程(Redox)和布特克斯流程(Butex)等其他的溶剂萃取流程而被普遍使用。经过改进的普雷克斯流程也适于高燃耗、高比放的动力堆和快堆燃料的后处理,该流程被用于核电站乏燃料的后处理且一直沿用至今。由于核电站乏燃料燃耗深、比放射性强、裂变产物放射性高,导致核电站乏燃料后处理技术难度更大。

Purex 流程利用 TBP 选择性的萃取铀钚而达到净化去污的目的,同时基于不同价态钚离子萃取性能的显著差异,通过氧化还原反应选择性的改变钚的价态来实现 U/Pu 的分离。自 1954 年美国萨凡纳河后处理厂使用 Purex 流程以来,Purex 流程一直在以不同变体流程加以利用,目前所有的商业后处理厂都使用 Purex 流程。

第六节　我国乏燃料后处理技术的发展历程

1956 年,我国开始筹划后处理事业建设。1957 年前后,后处理工厂设计计划任务书的编制和厂址选择等前期工作开始开展。从 1958 年 8 月起,苏联专家陆续来到我国的相关单位开展工作。苏联当时提供的工艺是比较落后的沉淀法,并且苏方提供的设计图纸也严重不全。随着世界原子能事业的发展,1955 年和 1958 年,联合国在瑞士日内瓦先后召开了两届国际和平利用原子能会议,通过这次会议使我国了解到最新的技术水平和发展动向,即后处理技术的发展趋势已由 20 世纪 40 年代的沉淀法转为 50 年代出现的溶剂萃取法。经过比较长时间的实践和论证工作,到1964年年底,我国终于决定彻底放弃沉淀法工厂的设计、建设和相关科研工作,加速溶剂萃取工艺研究设计工作。

1964年,为了给溶剂萃取工艺后处理厂的设计、建造提供依据,以清华大学师生为主,开始设计、建造后处理热实验室。1966年进行了两批热试验,提取了一定数量的钚,验证了Purex工艺流程,获得了相关的工艺参数和操作经验。1968年建成了后处理中间试验工厂,同年投料成功并进行了批量生产。中间试验工厂为我国钚核武器提供了装料,并在生产实践中获得了大量的经验。1970年建成我国第一座大型辐照燃料后处理厂,同年4月投入运行。此后不久,第二座大型后处理厂投产,这两个厂安全稳定运行了大约20年后停产关闭,目前正在开展退役工作。

20世纪80年代到90年代初,随着第一代乏燃料后处理设施的停产和退役,我国后处理技术的发展基本处于停滞状态。直到90年代中期动力堆乏燃料后处理中试工程立项上马以来,随着工程的设计、建造和调试工作的进行,推动后处理技术有了较大的发展,缩小了和世界先进水平的差距。

第七节　Purex流程的特点和基本过程

Purex流程是采用磷酸三丁酯为萃取剂,从乏燃料硝酸溶解液中分离回收铀、钚的溶剂萃取流程。该流程的萃取剂常用正十二烷、煤油或烃混合物作稀释剂,TBP浓度通常为30%(体积),硝酸作盐析剂,利用TBP易萃取四价钚、六价铀,而不易萃取三价钚和裂变产物的这一化学性能,并采用适当的方法调节钚的价态,经过2～3个萃取循环,实现铀和钚的分离和回收,以及对裂变产物的净化。有些普雷克斯流程中最后一步用阴离子交换纯化钚,用硅胶吸附纯化铀。

根据多年来工厂运行经验表明,这个流程与其他萃取流程,如Redox流程或Butex流程相比,是一个经济性、安全性、可靠性方面都更好的流程。它的优点主要表现在以下几方面:

(1) 废液量少,废液中作为盐析剂的硝酸,可以通过蒸发去除或回收。

(2) TBP与其他萃取剂相比,挥发性小而闪点高,使操作更加安全可靠。

(3) TBP抗硝酸浸蚀的能力强。

(4) 生产运行费低。

由于Purex流程具有上述优点,使它很快在世界各核国家中得到应用和发展。它不仅可以用于低燃耗、低比活度的生产堆乏燃料后处理,而且改进后也完全适用于处理高燃耗、高比活度的动力堆和快堆乏燃料。

对于燃耗较深的动力堆乏燃料,由于放射性活度比生产堆增大几十倍,考虑到工厂运行的安全可靠以及适应多种燃料的不同要求,二循环流程已不能满足工艺要求,一般采用三循环流程。

在Purex流程的第一步骤中,使辐照燃料棒的内容物与包壳分离。去壳方法有多种,主要取决于制作包壳的材料。概括的说,有两种去壳方法,即化学去壳法和切断-浸取法。在化学去壳法中,用化学试剂去除燃料的包壳。例如汉福特用氢氧化钠和硝酸钠混合液溶解,去除铀金属棒的铝硅包壳。最近建造的Purex工厂采用机械切断-浸取法,通过专门设计的剪切机横向剪切燃料棒。

下一步骤，使切断的燃料棒或分离的燃料棒内容物在硝酸中溶解，形成硝酸盐溶液。对于切断的燃料棒而言，在该步骤中，废包壳经分离和收集，然后作为核废物予以贮存或废弃。硝酸盐溶液与磷酸三丁酯（磷酸三丁酯与一定比例的煤油混合，以改善其萃取分离的物理性质）溶剂作用。经过几个萃取反萃取循环，可以选择性的分离出铀和钚的硝酸盐溶液。

典型的 Purex 流程化学分离部分包括以下几个过程：① 铀钚共萃取，使铀和钚一起被萃取并和绝大部分放射性裂片元素分离；② 铀和钚分离；③ 和钚分离后的铀再进行铀的二三循环，进一步除去其中的放射性裂片元素和超铀元素；④ 和铀分离后的钚再进行钚的二三循环，进一步除去其中的放射性裂片元素和超铀元素。上面的分离过程根据燃料类型和燃耗深度的不同一般有所变化，目前的新流程倾向于在典型 Purex 流程的基础上减少循环数，即将③和④中的三循环略去，以简化工艺过程。

后处理厂分离出的产品可以是硝酸钚溶液、硝酸铀酰溶液、三碳酸铀酰氨溶液等，也可以分别是钚和铀的氧化物。为了运输和贮存安全的考虑，一般转化为铀钚的固体氧化物形式。铀转化为 UO_3、U_3O_8，钚转化为 PuO_2。美国安全规程目前禁止运输液态钚。

第五章 乏燃料后处理流体输送设备

学习目标：通过学习掌握乏燃料后处理工艺常用的几种流体输送设备，如空气升液装置、质量流量控制器、庠斗流量计、蒸汽喷射泵、柱塞计量泵等的结构、性能、工作原理、使用特点等知识。

第一节 空气升液装置

乏燃料后处理由于其放射性水平高、工艺流程复杂、工艺控制指标严、检修工作难度大等特点，对从业工作人员的操作和检修提出了更高要求。长期运行实践表明，有运动部件的设备需要定期停产检修或事故维修。因此，尽可能减少或不使用有运动部件的设备，对于减少操作人员放射性照射，提高工厂的运行水平和开工率，实现最少维修量等具有特别重要的意义。为了避免工作人员遭受不必要的剂量辐射，在动力堆乏燃料后处理设施的设计中采用了大量流体输送设备，主要分为三种：(1) 蒸汽喷射泵；(2) 空气提升；(3) 庠斗流量计。另还少量使用了计量泵和离心泵进行物料输送。

空气升液装置是在后处理厂中已有大量应用的免维修流体输送装置，主要应用于放射性环境苛刻的场合。该装置可通过调节压空流量控制液体流量。对于需控制流量的物流，通过两级空气提升可以实现。在第二级空气提升前增加恒液位前置罐，以保证提升流量稳定(见图 5-1)。

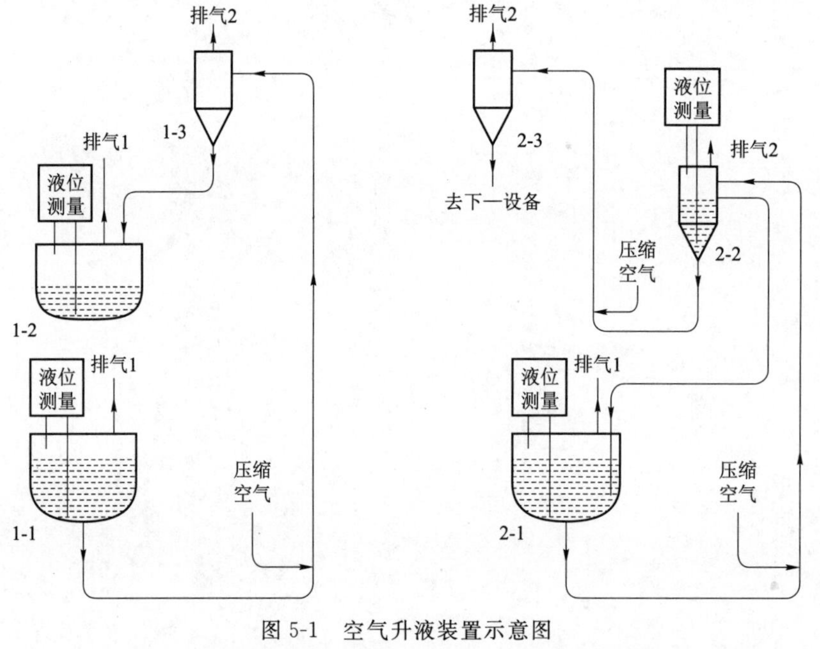

图 5-1 空气升液装置示意图

a. 一级空气升液装置示意图 b. 二级空气升液装置示意图

1-1、2-1 为供料罐；1-2 为接受罐；1-3 为气液分离罐；2-2 为恒液位前置罐；2-3 为定量前置罐

第一级提升的流量应该足够大，保持恒液位前置罐的回流管有回流。一级提升的压空流量可用普通的浮子流量计现场控制，二级提升的压空流量需用气体质量流量控制器远程控制。

空气升液装置的构成除了包含图 5-1 中所示的现场结构，还包括用于使用过程中所包含的控制系统，该控制系统主要是对压缩空气的质量流量进行调节，其结构主要包括流量显示仪和质量流量控制器。

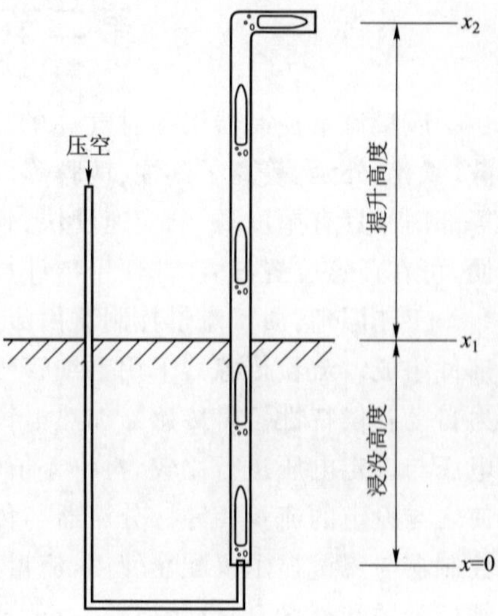

图 5-2　工作原理图

一、工作原理

利用 U 形管原理，在提升段气液混合物的密度小于输送液体的密度。示意结构如图 5-2 所示。

由于左边 $p=\rho_1 g x_1$，右边 $p=\rho_1(1-\varepsilon) g x_1$

式中：p——压力，Pa；

ρ_1——密度，g/cm^3；

g——重力加速度，m/s^2；

ε——密度修正系数，%。

因此，在管中的液体会继续向上运动，从而使液体得到提升。空气升液装置的管道特征包括浸没高度、总的提升高度和管径，前两个高度参数决定了空气升液装置特征参数浸没度 α：

$$\alpha=x_1/x_2$$

它是浸没高度与提升高度之比。

浸没度是影响空气升液装置性能的重要参数，如果由于设备或场地的限制，达不到需要的浸没度，可以用两组空气升液装置串联起来使用。

根据空气升液器的工作原理，料液输送过程中，压空流量与所提升的料液量存在着一定的规律性。空气升液器的工作曲线可以划分为四个阶段(见图 5-3)。

Ⅰ阶段：当空气流量很小时，料液无法提升，升液量为零或者波动很大；

Ⅱ阶段：空气流量增大，升液量也随之增加，此段为最佳工作区间；

Ⅲ阶段；空气流量增大很多，但升液量几乎不再改变。这时的升液量已是系统的最高值；

Ⅳ阶段：当空气流量超过一定范围时，升液量不但不增加，反而有所下降，这时流量也不稳定。

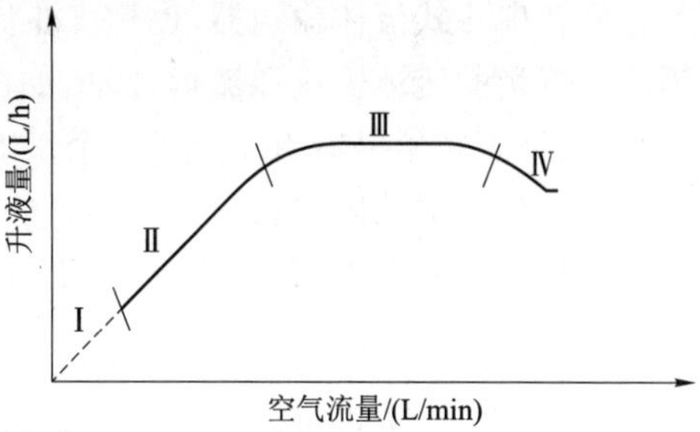

图 5-3　空气升液器工作曲线示意图

二、影响因素

对于空气升液装置输送能力及其稳定性影响的因素主要有：

(1) 浸没高度的设置；

(2) 管道配置，其中包括进料管径大小和水平长度，升液管直径，底节吹气孔径大小等；

(3) 压缩空气进气方式及压力；

(4) 输送对象的物理化学性质。

第二节　质量流量控制器

质量流量控制器用于对气体的质量进行精确测量和控制，应用于电子工艺设备，如扩散、氧化、外延、等离子刻蚀、镀膜等设备以及光导纤维制造中，也广泛用于化工、冶金、制药等部门。具有精度高、响应速度快、软启动、稳定可靠、工作压力范围宽等特点，操作使用方便，可在任意位置安装，并便于与计算机连接实现自动控制。

工作原理：质量流量控制器由流量传感器、分流器通道、流量调节阀和放大控制电路等部件组成。流量传感器采用毛细管传热温差量热法原理测量气体的质量流量，具有温度压力自动补偿特性。将传感器加热电桥测得的流量信号送入放大器放大，放大后的流量检测电压与设定电压进行比较，再将差值信号放大后去控制调节阀门，闭环控制流过通道的流量使之与设定的流量相等。分流器与传感器并联，由分流器决定主通道的流量。经质量流量控制器与流量显示仪配套使用，流量显示仪设置有稳压电源、数字电压表、设定电位器、三位阀控开关和外设、内设转换等。

输出的流量检测电压与通道流过的质量流量成正比，满刻度流量检测输出电压为 +5 V。

当设定开关打到“内设”时，由设定电位器 W 控制流量。当打到“外设”时，由用户提供的 0～+5 V 电压控制流量。

另外在显示面板上还设置有三位阀门控制开关，当置“关闭”位时，阀门关闭；当置“清洗”位时，阀门开到最大，以便气路清洗；控制流量时，将开关置于“阀控”位。

第三节　戽斗流量计

旋转戽斗式流体输送器，也称戽斗流量计。它是一种利用水车原理的流体输送设备，适用于小流量的流体输送和流量计量，如图 5-4 所示。戽斗流量计的结构特征在于具有旋转给料器，该旋转给料器由一个或一个以上的戽斗、喉孔、具有孔道的旋转轴和收集室组成，戽斗通过各自的喉孔固定在转轴上。另外，内部还有液面控制器，以便保持恒液位运行，利于流量的稳定。其结构简单，造价低，给料精度高，使用寿命长，特别适用于小流量的液流给料及调节。

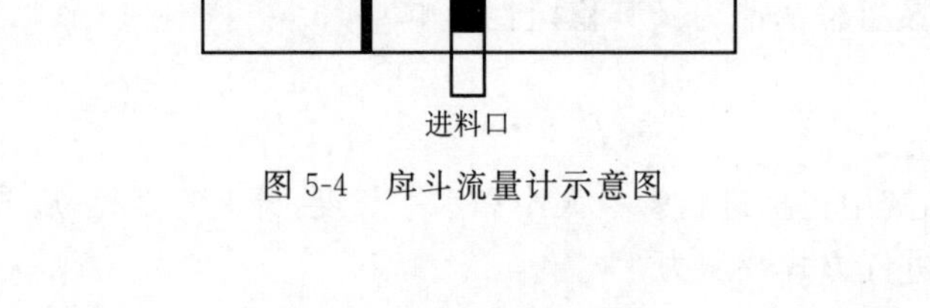

图 5-4　戽斗流量计示意图

根据旋转式戽斗流量计的安装位置不同，其控制液位的方式上也是有一定区别的。位于设备室外的戽斗流量计，一般对应有一个供料的高位槽，而戽斗的液位控制上则是采用浮球及利用杠杆的原理。位于设备热室内的戽斗流量计采用的是溢流的方式来控制液位，即多余的料液通过回流管道溢流。由于戽斗没有料液提升的功能，所以设备室内的戽斗一般作为二级给料装置。首先用一级空气提升将料液提升到戽斗内，戽斗采用回流方式保持恒液位，并通过调节电机转速控制料液流量。为了方便戽斗的日后维修，电机部分被设置在放射性设备室外部，通过穿墙连接杆带动设备室内部的戽斗主体部分。

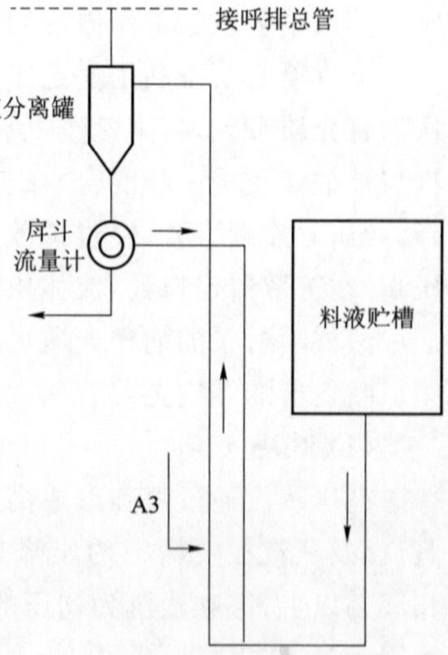

图 5-5　戽斗流量计和空升液器组成的二级供料系统

同时，除了液位控制上有差别外，其旋转轴的连接方式上也有差别。设备室外的戽斗流量计电机与旋转轴采用的是机械连接；而设备室内的戽斗流量计基于生产运行过程中检修的辐射防护需要，采用的是磁性连接，以保证放射性物质可得到很好的密封，降低了对维修部分的去污强度。

戽斗流量计靠调速电机带动，既能控制液体流量，又能通过转速间接测量流量大小，流量范围可在 0～130 L/min。该装置可与计算机配合，实现自动控制。仪表对给定流量的误差可控制在±1%以内。

第四节　蒸汽喷射器

一、蒸汽喷射泵的结构和原理

蒸汽喷射器（见图 5-6）可用不锈钢、硬铅、电镀金属、铅和塑料衬里的金属、高铬铸铁、铸铁、青铜、陶瓷和玻璃等许多材料制作。

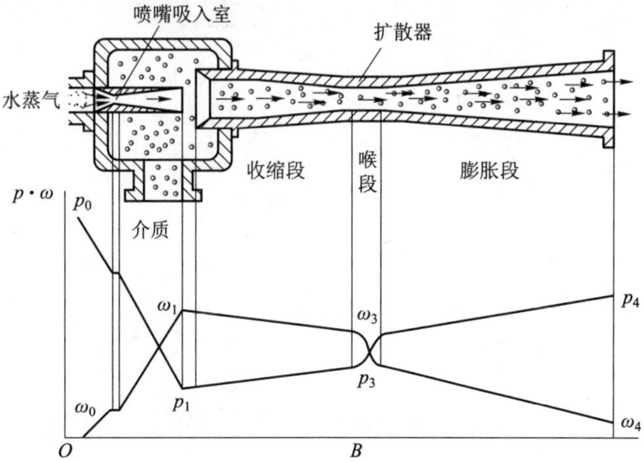

图 5-6　蒸汽喷射泵结构示意图

蒸汽喷射泵的工作原理如下：

蒸汽喷射泵是利用一定压力的工作水蒸气通过喷嘴后高速喷出，产生低压(增速减压)，从而将介质吸入，与高速蒸汽流碰撞、混合和交换能量并流向扩散器。在扩散器的收缩段蒸汽与被抽介质进一步混合，在扩散器喉段两者充分混合。在这一过程中，流体的速度连续下降，而压力连续上升，经过扩散器喉部后，流体速度急剧降低，而压力随之急剧上升(减速增压)。在扩散器出口处，流体压强大于大气压，从而能将被输送介质继续提升一定高度。

蒸汽喷射泵的输送介质可以是液体也可以是气体。

喷射器的结构主要有两大部分：

(1) 喷嘴

高压蒸汽通过喷嘴形成高速射流。喷嘴的形状尺寸根据蒸汽性质(过热蒸汽还是饱和蒸汽)及蒸汽在喷嘴中的压降来计算，当喷嘴的压降达到一定程度时(过热蒸汽为初压的45.5%以上；饱和蒸汽为初压的42.3%以上)，喷嘴做成拉伐尔喷嘴，否则喷嘴为锥形，材料采用1Cr18Ni9Ti。

(2) 扩散器

扩散器有前、中、后三段，通过总流量来设计其尺寸(直径与长度)。

连接喷嘴和扩散器的机件称汽室(或吸入室)，汽室使二件保持合理的距离，具有一定空间。蒸汽喷射器的材质常用1Cr18Ni9Ti或20#优质碳素钢制造。

二、喷射系数

当蒸汽和水的温度差足够大时，工作蒸汽流从位于离圆柱形混合室某一距离的喷嘴中流出，在进入混合室之前被凝结到引射水中，同时使得引射水的温度提高到 t_c，并使它具有一定的速度。

当引射水进入有限截面的混合室时，水的速度增加，而压力相应地从 p_h 降到 p_2，只要 p_2 大于温度 t_c 下的饱和蒸汽压，那么就不发生气蚀现象，水就可以流动。在此条件下，在混合室始端所具有的很不均匀的速度场加以均衡，以使混合室中压力提高到 p_3，随后，在扩散管中水的压力提高到 p_c(压头)。喷射器结构示意图见图5-7。

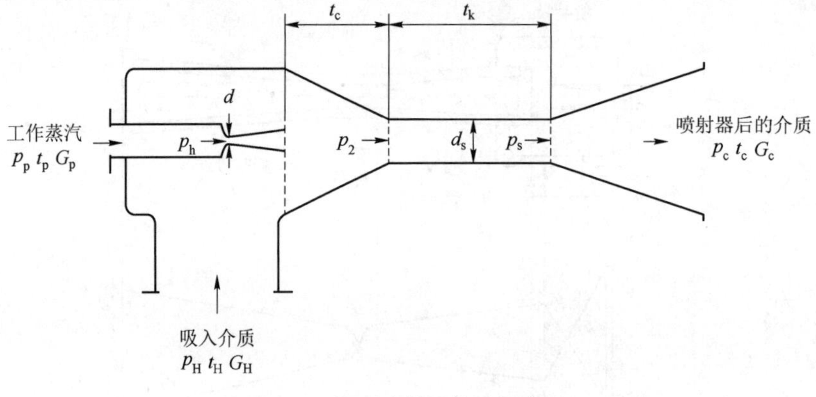

图5-7 蒸汽喷射器结构示意图

定义喷射系数 μ：$\mu = G_H/G_P$

式中：

G_H——被输送介质质量流率；

G_P——蒸汽质量流率。

若喷射系数较小时，当降低引射水的流量而不改变工作蒸汽流量时，水的温度可提高到相应于混合室压力下的饱和温度，但是由于没有足够的水来凝结所有进入的蒸汽而使得喷射器的工作状态被破坏，这个状态决定了最小喷射系数 μ_{min}。

若喷射系数增大时，引射水的流量增加，混合室中的水的温度降低，同时由于在混合室中水的流速增大而水的压力降低。当引射水流量增加到一定值时，混合室入口截面上的压力 p_2 降低到被加热水的温度下的饱和压力 p_k，然后再降低压力也不会引起水流量的增加，因为混合室中进一步降低压力是不可能的。由此可知：压力降 p_H-p_k 是决定引射水流量的关键因素。如混合室中水的沸腾决定了最大的喷射系数 μ_{max}。

当喷嘴出口截面接近混合室截面时，喷射器后的压力与引射水的压力无关；混合室面积与喷嘴截面积的比值越大，喷射系数增大，而喷射器后水的压力降低；提高蒸汽压力和引射水的压力及降低引射水的温度，均能造成喷射系数和压力的增大。

三、蒸汽喷射泵的操作特性

蒸汽喷射输送有以下三个特点：

(1) 输送的流体被蒸汽冷凝液稀释；

(2) 输送的流体温度上升；

(3) 出口压头有限。

液体的温度上升时，输送量便下降；对于水来说，温度升高到约 71℃时，流量便降低到零。输送液体的温度上升受其密度、黏度、比热容和压差的影响，同时还受喷射器结构的影响。另外稀释程度与输送液体的温升成正比。用一般蒸汽喷射器输送稀水溶液时，其稀释量在 3%～5%的范围。蒸汽喷射泵的流量可达 454 L/min(排出压头为 15 m)，抽吸高度达 3.6 m；流量较低(227 L/min)时，可以设计排出压头高达 27 m 的喷射器。

由于必须处置大量被污染的空气，空气(压空)喷射器在放化工厂的液体输送中未曾得到采用。而蒸汽喷射器所用蒸汽被输送液体所冷凝。因此它不会使放射性废气量显著增加，因为抽真空时不易污染空气，所以可用空气喷射器来产生真空。

一般蒸汽喷射泵用高压蒸汽操作，蒸汽的压力足以使其波动不对流量产生显著影响，因此它是一种恒量喷射器。在出口管上安装热电偶，可以对喷射器是否正常工作进行定性指示。输送中断时，蒸汽流过出口管，出口温度便陡然上升，喷射器过热后便没有抽吸能力，继续喷汽也不能重新开始抽吸，唯一的补救措施是关闭蒸汽直至喷射器冷却为止。

将蒸汽喷射泵安装在料液贮槽的液面以下，更有利于泵体的冷却。在停止进蒸汽时，为了防止蒸汽在管道冷凝形成真空，将料液吸入蒸汽进气管道或形成真空虹吸效应使料液输送无法停止，可在蒸汽喷射泵的蒸汽管道上增设放空阀。停止进蒸汽后，及时打开放空阀破坏管线内的真空。

蒸汽喷射泵经过改变结构参数，也可以设计成变量喷射器。例如，通过调节蒸汽压力，可使变量喷射器的排液流量变 3 倍；或者调节吸液管下的节流阀排液流量便能变化 4 倍。对于排出压头约为 6 m、抽吸高度为 1.22～0.91 m 的操作条件，改变蒸汽压力可使计量精确度达±2%。

在正常操作时喷射器发生堵塞的情况较少。但在初始安装时或在维修之后,喷射器的狭窄喉管常常部分或全部被灰尘、刮屑、纸片或其他碎片所堵塞。因此,在开始或重新开始强放射性操作之前,必须对喷射器的性能进行彻底检验。在输送料液的浓度较浓时,生成的结晶有可能使喷射器发生堵塞。此时,可以通过蒸汽进入管线加入稀释液,溶解结晶或稀释被输送料液浓度。

第五节 柱塞计量泵

一、结构特点

平流柱塞计量泵作为计量泵的一种,其泵型为柱塞式往复泵。其中,核用柱塞计量泵大致分为卧式和立式两种,图 5-8 为一立式柱塞计量泵结构示意图。电动机通过蜗杆、蜗轮传动减低转速,带动曲柄连杆机构,把回转运动变为往复运动。通过柱塞行程调节器来调节液体流量,且可在泵运行中调节流量。流量范围为 20~1 200 L/h,精度为 2%,出口压力为 196 kPa,吸程为 5.5 m。流量低于 30%时计量精度下降,使用时应合理地选择泵的流量范围。适于输送不含颗粒的液体,流量小于等于 10 000 L/h,排压 80 MPa 以下。

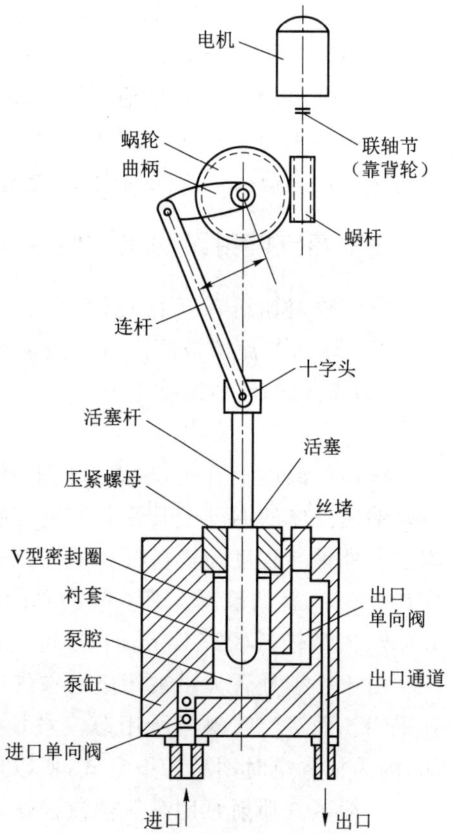

图 5-8 核用柱塞计量泵结构示意图

该泵特征是:两根导向轴上有与导向轴垂直的弹簧固定柱,与凸轮成一定角度的弹簧固定柱两端连接有拉伸弹簧;导向轴的一端有凹槽,凹槽内有滚动套轴,滚动套轴上有可自由转动的滚动套,在两对称布置的拉伸弹簧的作用下两滚动套与凸轮无间隙接触的结构,使传动部件受力均匀,具有磨损小、寿命长、结构简单、体积小、噪声低、输送流体无脉动、计量精度高的优点,可广泛应用于化工、医药、食品、水电、炼油、造纸及原子能等行业。

二、计量精度及流量标定

根据 GB/T7782—1996《计量泵》标准规定:“泵在额定条件下和最大相对行程处的流量计量精度不应低于±1%。”泵在输送一般介质时的理想使用范围:40%~100%。当工艺流程所需的使用范围≥10%时,可增配交流变频器降速,扩大使用范围。

三、计量泵的安装高度

对于输送物理性质类似于清水的常温介质,柱塞泵中心高出液面的安装高度应小于

2 m。当泵缸腔内充满液体介质时，可提高泵的吸入性能，柱塞泵安装高度为 4～5 m。

四、计量泵安装应注意的问题

（1）对于输送物理性质类似于清水的常温介质，柱塞泵中心高出液面的安装高度应小于 2 m。当泵缸腔内充满液体介质时，可提高泵的吸入性能，柱塞泵安装高度为 4～5 m。

（2）进、出口管内径应不小于泵吸入、排出内径。尽量减短管路长度和减少弯头、阀门等阻力件。不允许出现向上弯的“Ω”形布置，以免存气。

（3）为确保泵和管路系统的安全，应在计量泵的进口管路加装“Y”型过滤器，出口管路上设置安全阀。

（4）当出口压力接近或低于进口压力时，应在出口管路上设置背压阀。

（5）为了减小流量输送过程的脉冲性，可安装缓冲罐。

（6）为防止杂物堵塞逆止阀，可在进料管道安装过滤装置。

五、柱塞计量泵不上料的原因

（1）V 型密封圈被磨损，需要更换。

（2）污物阻塞球阀，入泵前的料液必须过滤。

第六节　隔膜计量泵

隔膜式计量泵，其设计是在柱塞泵基础上得到了更大的改进，原理为用电动机带动活塞往复工作（注意，活塞并不直接接触液体），再推动隔膜运动，将液体吸入加压后推出，由于其活塞在防磨损的油中工作，工作环境大大优化，寿命大大提高，经过渗透硬化处理的活塞更是不易损坏，加上高分子材料制成的高抗绞隔膜更使隔膜泵寿命进一步提高。运行可靠是隔膜泵的又一长处，故障率极低，对电压要求低，对环境要求低，维修容易，维修费用仅为柱塞泵的五分之一左右。隔膜泵性价比优，其优异的性能价格比将推动隔膜泵的推广。

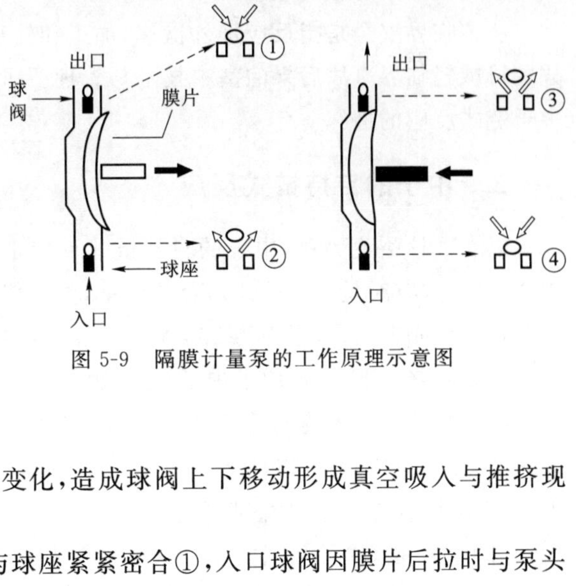

图 5-9　隔膜计量泵的工作原理示意图

隔膜式计量泵工作原理：

利用隔膜之前后动作使隔膜与泵头间变化，造成球阀上下移动形成真空吸入与推挤现象，达到液体输送之目的，见图 5-9。

（1）当膜片往后拉时，出口球阀掉下与球座紧紧密合①，入口球阀因膜片后拉时与泵头间产生真空而往上浮起②，液体跟着被吸上来。

（2）当膜片往前推时，入口球阀与球座气密④，使液体不会通过，而出口因膜片往前推挤使球阀开启③，液体流出。

第六章　核临界安全基础

学习目标：通过学习掌握核临界与中子链式反应的概念，熟悉影响核临界安全的主要因素，了解不同条件、不同核材料的临界参数。

第一节　核临界与中子链式反应

一、概述

核临界安全是核科技工业的特殊安全问题。天然铀经过同位素浓缩变成富集铀，或者经过反应堆内中子照射产生钚，在以后的所有加工、使用的过程中，就紧密地伴随着临界问题。富集铀、钚等核燃料随工艺流程的进程走到哪里，就把临界安全问题带到哪里。由此可见，临界安全问题在核科技工业中涉及面之广，影响之大。一旦发生核临界安全事故，有可能损坏设备，造成物料损失和放射性污染，中断生产运行。事故发生的强辐射还有可能使人员受到大剂量照射而伤亡。

在整个核燃料循环中，临界安全问题是与工艺（化学、物理、冶金）处于同等重要地位的重大技术问题。在有些核燃料工艺中，临界安全直接影响工艺的决策。为此，我们必须对临界安全问题给予足够的重视。

所谓临界安全是指反应堆外操作、加工和处理易裂变材料时防止发生意外的核临界事故和可减轻临界事故后果的基本技术与管理要求，其中最基本的是防止发生意外的^{235}U核中子链式反应的措施。

二、中子的自持链式反应

以^{235}U核裂变为例，中子的自持链式反应是指当一个中子使^{235}U核裂变时，后者分裂成两个碎片（有时是三个碎片），释放能量，同时伴随着的是放出中子。每次核裂变放出的中子数是两个或者三个，平均约2.5个。裂变放出的中子，又可与^{235}U核发生作用，引起新的裂变。如此继续下去，形成了中子链式反应。

能刚好维持中子链式反应进行的状态叫临界状态，此时有一个^{235}U核发生裂变后，产生的中子刚好有一个可以使另一个^{235}U核发生裂变。由自持链式反应发生的条件可以看出，达到临界状态，必须具备两个条件：

（1）第一是有“点火”中子；

（2）第二是每次裂变放出的中子平均有一个中子继续与易裂变核如^{235}U核起裂变反应。

在核反应堆中，是要造成临界条件，利用中子自持链式反应释放能量。对于乏燃料后处理厂临界安全问题来说，恰好相反，是要防止临界条件的出现，使工艺生产过程能安全进行。

三、临界条件

临界条件实际上是中子平衡条件。对于某一系统，假如每次裂变放出的中子平均少于一个能继续与^{235}U 核起裂变反应，则裂变反应就不能维持，会逐渐熄灭，这时系统为次临界状态；假如多于一个中子能继续与^{235}U 核起裂变反应，则裂变反应愈来愈增强，系统为超临界状态。

当一个热中子在系统内被^{235}U 核吸收，^{235}U 核就以一定的概率发生裂变，并放出新的中子。中子按能量的大小，分为快中子、中能中子和热中子。快中子在介质内与其他原子核碰撞而损失能量的过程称作慢化。在慢化过程中，一部分中子从系统漏失，一部分最终慢化成热中子。热中子在系统内的运动称作扩散。在扩散过程中，部分热中子漏失，部分热中子则被^{235}U 核吸收，过程又终而复始，这样重复下去。

当^{235}U 核吸收热中子后，可能发生裂变，也可能不发生裂变。吸收而不发生裂变的反应叫做俘获，相应的截面称为俘获截面。发生裂变的截面，相应的截面称为裂变截面。

从第一代中子被吸收到第二代中子吸收，完成一个中子循环。第二代被^{235}U 核吸收的中子数与前一代被^{235}U 核吸收的中子数之比 k_{eff} 称为有效增殖因子。

当第二代被^{235}U 吸收的中子数等于上一代被吸收的中子数时，就能维持自持链式反应，达到临界。因此，临界状态与有效增殖因子的关系是：$k_{eff}<1$ 次临界；$k_{eff}=1$ 临界；$k_{eff}>1$ 超临界。

第二节　影响临界安全的主要因素

一、密度效应

当易裂变物质的聚集密度发生改变时，系统的反应性也相应改变。这是因为系统的密度变化时，中子自由程发生变化。

系统的密度变小，中子自由程变大，这样就增加了中子的漏失，原先是临界的系统就变成次临界了。要恢复临界，就得增大系统的尺寸，直到以中子自由程度量的系统尺寸达到原来的值。

总的密度效应是：系统密度变大，临界质量下降；密度变小，临界质量上升。

二、稀释效应

裂变物质系统中，用少量非裂变物质来取代裂变物质，称为稀释。

稀释使临界质量增加，这是因为少量的非裂变物质替代易裂变物质，使易裂变物质的核密度减小，此时稀释物质的量还不是很大，由其引起的慢化效应尚不显著，系统的宏观裂变截面变小，临界质量增加。

另一方面，过量添加稀释物质有可能会增加中子散射，使慢化效应显著，中子漏失减少，从而减少临界质量。有些元素，如 C(碳)，对高浓铀进行稀释时，当稀释剂足够多时，临界质量反而下降。这是因为这些元素含量大时，其慢化效应逐渐显著。而另一些元素对高浓铀进行稀释时，临界质量随稀释剂的增多而单调地增加，这是因为这些元素对中子的慢化效应很差。

三、慢化效应

当稀释剂很多时,中子的慢化作用就显著了。随着慢化程度的增加,即随着慢化剂的原子核数与^{235}U原子核数之比 $X/5$ 的增加,系统逐渐变成热中子系统。(这里,X 为主要慢化剂的核密度,5 为主要易裂变材料的核密度。)由于慢化作用,中子能量减小,中子与^{235}U核发生裂变反应的概率增大,临界质量下降。

对于有慢化作用的稀释剂来说,少量添加时稀释效应起主要作用。随添加量的增加,临界质量有所增大;当稀释剂继续增大到一定程度(当 $X/5$ 较大时),慢化效应逐渐显著。随添加量的增加,临界质量有所减少;当稀释剂进一步增加(当 $X/5$ 很大时),慢化剂对热中子的吸收作用逐渐显著。中子吸收的增加使临界质量变大,稀释剂增加到一定程度时,系统就不能临界了。

四、几何形状

系统内中子的产生是靠裂变增殖,中子损失分两部分,一部分是中子在系统内被吸收,一部分是由于中子从系统泄漏。所以中子平衡条件为:产生=泄漏+吸收。

系统的表面积与体积之比 S/V,与系统的尺寸有关。系统尺寸小,S/V 大,净产生会小于泄漏,系统为次临界。随着系统尺寸的增加,S/V 减小,系统逐渐达到中子平衡,即达到临界。如果系统尺寸继续增大,S/V 进一步减小,净产生超过泄漏,系统就超临界。

体积 V 相同的条件下,对于不同的几何形状,表面积是不同的。同体积条件下,球的表面积最小。所以体积相同时,球的中子泄漏为最小,因而也最容易达到临界。接近于球的形状的系统,如直径与高相近的圆柱、正立方体等,也都具有较小的 S/V,较易于达到临界。对于细长或扁平的圆柱,或薄的平板,S/V 很大,所以不易达到临界。同样裂变物质,同样材料组分的增殖系统,几何形状不同,临界质量也不同。以球体的临界质量为最小。对于圆柱体,随着高与直径之比的改变,临界质量也改变。

对于圆柱,S/V 值与高 h 及直径 d 有关。无限长的圆柱,$h\to\infty$,$S/V=4/d$。因此,当圆柱直径小于一定值后,即使无限长,也不能达到临界。同样,对于平板也存在一定的厚度值,当厚度小于此值,即使无限宽,也不能临界。这些值称为最小临界尺寸。如对于高富集度均匀铀水溶液圆柱,直径小于 13.7 cm 不会发生临界。对于高富集度铀金属,这个值为 7.3 cm(几何控制的原则)。

五、中子毒物

有些物质,吸收热中子的能力很强,例如 B(硼)、Cd(镉)、Gd(钆)等,称为中子毒物。在裂变物质系统中加入这种中子吸收剂,可以使系统的反应性降低,不易达到临界。加中子毒物可以提高系统的临界质量。

中子毒物有两类,均匀毒物和非均匀毒物。均匀毒物与物料均匀混合在系统中,其吸收中子效率高,效果大。缺点是在工艺过程的末尾,需要专门将毒物除去。需要经常监督毒物的存在。非均匀毒物,作为固体吸收剂,放在系统内,吸收效率要差一些。这是由于固体毒物的中子吸收的自屏效应引起的,中子被毒物的表面一层所吸收,内部吸收物质实际不起吸收作用。但是非均匀毒物不用专门除去。

六、反射效应

增殖系统周围如有反射体，本来应漏失的中子，将有部分中子被返回系统，减小了系统的中子漏失，增加了系统的反应性。所以，有反射时，系统的临界质量要变小。

反射大致可以分为全反射和部分反射两大类。

不同物质的反射体，反射效应不一样。物质的中子散射截面Σ_s愈大，中子吸收截面Σ_a愈小，反射作用愈大。所以，一般好的慢化剂同时也是好的反射体。

在临界安全问题中，一般以全水反射作为最不利的情况考虑。因为在工艺操作过程中，像Be(铍)等物质不易遇到。假如是薄的反射体，而水是最有效的薄反射体，按水考虑总是偏安全的。工艺生产车间或实验室内出现的厚反射体，最常见的是人体，人体接近于厚层水。所以一般情况下，全水反射能概括最不利的反射条件。当然，如果遇到厚层的石墨反射体，就得作特殊考虑。

第三节　临界参数

临界的首要条件是易裂变物质的数量达到临界质量，不同裂变物质具有不同的临界质量。表6-1～表6-4分别列出了一些主要裂变物质的临界参数。

表6-1　不同铀系统的临界数据

参数	金属(密度：18.44 g/cm³)		水溶液	
	全反射	裸体	全反射	裸体
最小临界质量/kg	20.1	47	0.76	1.40
无限长圆柱体的直径/cm	7.3	11.4	13.9	21.6
无限大平板的厚度/cm	1.3	5.6	4.6	11.4
球体体积/L	—	2.7	5.8	14.0
最小临界浓度/(g/L)	—	—	11.5	—
面密度/(g/100 cm²)	0.13	—	40.0	56.0

表6-2　可裂变同位素的临界数据

同位素	金属球	临界质量/kg			水溶液
	密度/(g/cm³)	水反射	钢反射	裸体	最小临界浓度/(kg/L)
^{238}Np	20.45	64.9	43.1	68.6	12.7
^{238}Pu	19.6	5.6	4.5	7.2	5.1
^{240}Pu	19.6	148.4	96.4	158.4	17.5

表 6-3　^{239}Pu 的临界数据

参数	金属(密度:19 g/cm³)		水溶液 N : Pu>4		无硝酸根全反射
	全反射	裸球	全反射	裸球	
最小临界质量/kg	4.9	10.2	0.51	0.905	0.51
无限长圆柱体的直径/cm	4.4	6.1	15.7	23.2	12.5
无限大平板的厚度/cm	0.66	2.8	5.8	13.5	3.3
球体体积/L	0.28	0.51	7.7	—	4.5
最小临界浓度/(g/L)	—	—	7.3	—	7.8
面密度/(g/100 cm²)	—	—	2.5	—	—

表 6-4　可裂变化合物的临界数据

物料形式	临界质量/kg	密度/(g/cm³)
^{235}U 金属	20.1	18.8
UO_2	29.6	10.8
UF_4	47.9	6.6
UF_8	69.6	4.9
^{239}Pu 金属	4.9	17.9
PuO_2	9.0	11.4
PuF_4	16.0	7.0
PuF_6	36.0	5.7

注:化合物中所含的铀或钚全部为^{235}U或^{239}Pu,实验数据在全反射条件下获得。

最小临界参数是达到临界的必要条件,但不是充分条件,并不是超过其中一项数值就会发生临界事故,而是要同时满足其他几项条件才能达到临界。例如,要使 0.51 kg 的^{239}Pu达到临界状态,必须同时使^{239}Pu在溶液中的浓度超过 7.8 g/L,体积超过 4.5 L。否则即使有总量 0.51 kg 的^{239}Pu,而浓度过低或体积过小,都不会发生临界。

单参数临界控制是指在临界安全控制中,只要单独选用单参数控制用临界数据中任何一个安全次临界值,就可以保证临界安全。例如,全水反射的均匀钚-水系统安全次临界限值是 230 g,在低于此值时就不会发生临界。

单参数控制安全次临界值,是指系统在全水反射条件下的最小临界值与一个适当的安全系数的乘积:安全次临界值=最小临界值×安全系数

安全系数一般取 0.4～0.8,详见表 6-5。

表 6-5　单参数临界控制安全系数

项目	限制条件	安全系数
临界质量	双批投料	0.45
	结构上排除双批投料情况	0.8

续表

项目	限制条件	安全系数
临界体积	—	0.75
无限长圆柱直径	≤50 cm	0.9
	>50 cm	0.85

知道最小临界值,根据实际的操作条件就可以选择适当的安全系数,确定单参数控制用安全次临界值。例如,如果考虑双批投料都安全的情况下,$Pu(NO_3)_4$水溶液的质量安全次临界值应为 0.51×0.45=0.23 kg。当然这个限值是在钚浓度不能保证低于最小临界浓度情况下必须满足的条件,当钚浓度不可能达到最小临界浓度时,也就是远远低于最小临界浓度情况下,临界质量可以放宽。

由上面分析得知,在实际使用单参数控制用安全次临界值时,必须根据具体情况进行具体分析,使之做到在保证临界安全的情况下,还要有较高的生产效率。

第七章　放射性三废

学习目标：通过学习掌握放射性三废的分类、放射性废物的处理知识。熟悉中试厂放射性废液和固体废物的来源，各种放射性废液的排放标准，了解放射性三废管理的一般要求。

第一节　放射性三废分类

放射性三废是指放射性气载废物、放射性液体废物、放射性固体废物。

含有放射性气体和气溶胶，其放射性浓度超过国家审管部门规定的排放限值的气态废弃物称为放射性气载废物。放射性浓度一般以 Bq/m^3 表示。

含有放射性核素，其放射性浓度超过国家审管部门规定的排放限值的液态废弃物称为放射性液体废物。放射性浓度一般以 Bq/L 表示。

含有放射性核素，其放射性比活度或污染水平超过国家审管部门规定的清洁解控水平的固态废弃物称为放射性固体废物。放射性比活度一般以 Bq/kg 表示。放射性固体废物中，含有原子序数大于 92 的核素，其含量或浓度超过国家审管部门规定限值的废物称为超铀废物。放射性固体废物中半衰期大于 30 a 的 α 放射体核素的放射性比活度在单个包装中大于 4×10^6 Bq/kg（对于地表处置设施，多个包装的平均 α 比活度大于 4×10^5 Bq/kg）的，称为 α 废物。

放射性三废按照不同的放射性水平分为不同的等级，具体分类见表 7-1。

表 7-1 放射性废物分类系统表

<table>
<tr><th>类别</th><th>级别</th><th>名称</th><th colspan="5">放射性浓度 $Av/(Bq/m^3)$</th></tr>
<tr><td rowspan="2">气载废物</td><td>Ⅰ级</td><td>低放</td><td colspan="5">$Av\leqslant4\times10^7$</td></tr>
<tr><td>Ⅱ级</td><td>中放</td><td colspan="5">$Av>4\times10^7$</td></tr>
<tr><td colspan="3"></td><td colspan="5">放射性浓度 Av/(Bq/L)</td></tr>
<tr><td rowspan="3">液体废物</td><td>Ⅰ级</td><td>低放</td><td colspan="5">$Av\leqslant4\times10^6$</td></tr>
<tr><td>Ⅱ级</td><td>中放</td><td colspan="5">$4\times10^6<Av\leqslant4\times10^{10}$</td></tr>
<tr><td>Ⅲ级</td><td>高放</td><td colspan="5">$Av>4\times10^{10}$</td></tr>
<tr><td colspan="3"></td><td colspan="5">放射性比活度 Am/(Bq/kg)</td></tr>
<tr><td rowspan="4">固体废物</td><td rowspan="2">Ⅰ级</td><td rowspan="2">低放</td><td>$T_{1/2}\leqslant60$ d</td><td>60 d$<T_{1/2}\leqslant5$ a[1)]</td><td>5 a$<T_{1/2}\leqslant30$ a[2)]</td><td>30 a$<T_{1/2}$</td><td>α 废物</td></tr>
<tr><td>$Am\leqslant4\times10^6$</td><td>$Am\leqslant4\times10^6$</td><td>$Am\leqslant4\times10^6$</td><td>$Am\leqslant4\times10^6$</td><td rowspan="3">$T_{1/2}>30$ a，α 比活度 $Am>4\times10^6$</td></tr>
<tr><td>Ⅱ级</td><td>中放</td><td>$Am>4\times10^6$</td><td>$Am>4\times10^6$</td><td>$4\times10^6<Am\leqslant4\times10^{11}$</td><td>$4\times10^6\leqslant Am\leqslant4\times10^{10}$</td></tr>
<tr><td>Ⅲ级</td><td>高放</td><td>—</td><td>—</td><td>$Am>4\times10^{11}$</td><td>$Am>4\times10^{10}$</td></tr>
</table>

注：1）包括放射性核素钴-60（$T_{1/2}=5.271$ a）；

2）包括放射性核素铯-137（$T_{1/2}=30.17$ a）。

第二节　放射性废物的处理

一、放射性气载废物的处理

乏燃料后处理厂的放射性废气属中放气体废物，主要是燃料切断及溶解、硝酸回收、工艺溶液和液体废物蒸发、废物煅烧及熔化等工序的尾气以及放射性工艺设备的呼排气，通常以气体、气溶胶和固体悬浮物形式存在。后处理厂的放射性废气可简单分为三块：溶解器排气(DOG)、其他工艺容器排气(VOG)和通风排气。气体放射性废物的放射性来源于其中的^{3}H、^{85}Kr、^{129}I、^{131}I和以CO_2形式存在的^{14}C以及^{90}Sr、^{137}Cs、^{144}Ce、^{106}Ru等挥发性裂变产物的气溶胶。这些核素的大多数在乏燃料溶解时进入排气系统。对于^{3}H、^{85}Kr和^{129}I、^{131}I的去除需要专门技术；对于气溶胶，大多用过滤方法来去除。

气体废物排入周围环境会引起人体受内外照射的危险，其途径为吸入受污染的空气，饮食含有放射性物质的水和食物。因此，放化工厂的气体排放须严格按照最大容许污染水平规定每个核素的排放限值。对运行中和设计中的后处理厂房在净化^{3}H、^{85}Kr、^{129}I、^{131}I和^{14}C等气体排出物方面的要求必须特别严格，放化工厂尾气净化须保证滞留对生物有危险性的放射性核素，保证环境不受危害。

废气经过各种净化后，最终通过高空稀释排放。在后处理厂房通过高烟囱把一定浓度的放射性废气排入高空，利用风力将废气扩散，得到充分稀释，排入大气的废气应为气态，不含固体颗粒，也不含会凝结或会溶解于雨水而降回附近地面的组分。通过高烟囱一般可使地面废气浓度降至烟囱出口浓度的0.001%～1%。烟囱应突出于周围障碍物以免影响扩散，因此烟囱要有足够的高度，使气体在重新接近地面以前已充分稀释(由于扩散)到对人无害的水平。

高烟囱排放虽然不是治理放射性废气的技术，但它可以起到减轻地面污染的作用，在核工业中早已就得到了应用。高烟囱排放只能解决降低地面废气浓度问题，丝毫也没能减少放射性废气的排放量，在一定程度上造成了大气的放射性污染，必须严格加以控制，以使各项指标符合国家标准 GB 18871—2002 中的要求。

废气中的放射性核素对环境影响较大的主要是^{85}Kr，随着时间的推移，排放到大气中的废气所含的核素由于衰变以及被降雨带入河海，而逐渐消失。

二、放射性废液的处理

从乏燃料元件中提取铀、钚、镎以及其他放射性同位素的过程中，使用了大量的水、汽、化学试剂和萃取溶剂，随之产生大量的放射性废液，其放射性水平也高低不等。

由于放射性废液种类繁多，成分复杂，向环境排放的标准很严格，这些因素造成放射性废液的处理比一般废液的处理都要困难和昂贵。

处理放射性废液的基本原则是根据废液不同的放射性水平和化学成分给予不同的治理。如果不论其放射性水平的高低，一概进行处理、贮存，或一概排入环境，显然是行不通的。高放废液任意排入环境，势必造成严重的污染，其后果不堪设想；反之，如果将高放废液与低放废液混合处理，就将加大净化设备的负荷和造成浪费。

放射性废液的处理方法很多,大致可分为四大类,即稀释排放、浓缩贮存、回收利用以及包容固化。为了达到处理的良好效果,往往需要多种手段合理配合。

(1) 稀释排放

放射性浓度很低的废液,如卫生淋浴水、洗衣房废液、生产中经过处理的其他废液,当其放射性浓度低于露天水源中最大允许浓度的十分之一时,可以直接排入江河湖海、天然蒸发池或地质结构中。如果废液的放射性浓度与最大允许浓度相当,则可在排放前用非放射性废液稀释到上述水平后再予以排放。低放废液向环境排放,必须事前经过环境保护部门批准后才可进行。

(2) 浓缩贮存

减容是放射性处理首先要考虑的问题。后处理厂产生的放射性废物是由大量的非放射性物质和相对微量的放射性物质所组成的。所谓减容就是通过处理从原有的放射性废物中去除非放射性物质,或是将放射性物质加以浓集以减小放射性废物的体积。

放射性废液的减容一般采用浓缩处理方法。通过浓缩处理将放射性废液分为两部分,一部分是体积较小,但却集中了废液中绝大部分放射性物质的浓缩液,可直接贮存于地下贮槽中或经固化后贮存或处置;另一部分是体积较大而放射性浓度较低的废液,可根据其放射性浓度的高低,或返回工艺流程中重复使用或予以排放。

常用的浓缩净化方法有蒸发、絮凝沉淀、离子交换、隔膜分离等。其中蒸发、凝沉淀和离子交换为放射性废液处理的最主要方法。

(3) 回收利用

放射性废液中有不少有用物质,如硝酸、TBP-煤油以及各种裂变元素和超铀元素,将其回收后,净化后的废液返回工艺流程重新使用。回收利用,变废为宝,化害为利。

(4) 包容固化

中、高放废液的罐内贮存,既不经济也不安全,仅是一种权宜之计。将废液引入惰性的固体介质中进行包容固化,然后再把固化物妥善地加以贮存或处置,是目前世界上很多国家都在大力研究的一种处理方法。

放射性废液的固化处理对固化体的导热性能、机械强度、地下水浸出率、化学稳定性、耐辐照性能、减容比等都有一定的要求。

目前投入使用和正在研究的固化方法有水泥固化、沥青固化、玻璃固化、塑料固化以及煅烧固化、罐内蒸发固化等。

三、放射性固体废物的处理

核燃料后处理过程中产生的放射性固体废物,除固化处理过程产生的几类固化体外,还有各生产环节和检修过程产生的废物,这类废物种类较多、沾污程度各异。

(1) 放射性固体废物的预处理及中间贮存

固体废物在处理之前要先进行分类,分类的原则是先把放射性废物与非放射性废物分开,然后根据废物中放射性核素半衰期的长短、沾污的程度和废物的性质加以分类,如超铀废物与中低放固体废物、可燃与不可燃废物、可压缩与不可压缩废物等。应使用合适的废物包或容器收集废物,并应作恰当的标记,表明用于装容何种类型废物。

固体废物中的多种超铀废物,包括工艺废物和混合固体废物,有必要对这类废物进行去污。由于 α 污染的固体废物的多样性,需要采用不同的技术进行去污。

对固体废物的去污是把放射性核素从不希望存在的部位全部或部分除去。其目的有:

• 降低放射性水平,减少操作人员辐照;
• 降低屏蔽和远距离操作的要求,方便设备检修;
• 方便事故处理;
• 便于设施退役;
• 使废弃物和污染物场地可以再利用;
• 减少放射性废物的质量和体积;
• 降低废物贮存、运输、处置的费用和负担。

去污的方法有很多,可分为机械、物理法、化学法、电化学法、熔炼法等。

经过处理和整备的放射性固体废物应和未经整备的废物、非放射性原料以及维护用材料分开贮存。贮存场所应当加以规划,以便尽可能减少搬运和运输。

根据放射性能高的废物的数量,对其安全贮存的安排可有很大选择范围,从贮存在加以屏蔽的小室到专门的单间设施。具体的安排在很大程度上不仅取决于所涉放射性废物的活度和其他化学和物理特性以及废物数量,还取决于可利用的工艺条件。在只有很小量放射性废物产生的场合,最好是使用一个紧靠工作场所的库房或小室。

贮存设施的设计应当能够进行定期检查,包括发现实体性能下降或泄漏等早期迹象的辐射监测和对废物包的目视检查。

(2) 放射性固体废物的处理方法

• 压缩减容法

压缩减容是借助压力机将废物压实,提高其整体密度来达到减容的目的。可压缩废物的种类很多,既包括一些不可燃性废物,也包括一些可燃性废物,如污染的劳保用品、废纸、拖布、玻璃器皿、工器具、部件、电缆、废过滤器等。

• 焚烧减容法

焚烧处理就是把可燃性废物与氧气一起进行燃烧反应,通过燃烧排气、减容减重,并将废物转变为稳定的无机物质。焚烧处理具有下列三种作用:

减容。焚烧是可燃性废物的最好处理方法,它可使废物减容 20～100 倍,这对于降低废物的运输、贮存和处置,具有十分重要的意义。

安全化。焚烧可以把可燃性物质转变成惰性的、易于固化的无机灰烬,消除了废物分解、发酵腐烂和着火的危险性,有利于运输和贮存的安全。

回收利用。可方便的从焚烧后的灰烬中回收贵重金属钚和铀。

由于废物具有放射性,因此对于放射性废物的焚烧装置及处理工艺有一些特殊要求:焚烧中放废物需要采取适当的屏蔽措施,对于卸灰系统还要考虑远距离操作;焚烧炉内要保持一定的负压,进料口设置联锁的双重闸门,焚烧超铀废物的焚烧炉要具有良好的 α 气密性;焚烧含钚和铀-235 废物的要具有严格的临界控制措施,以防裂变物质的积累达到临界质量;焚烧灰烬中收集了废物中 70%以上的放射性物质,需要进一步固化处理;对尾气的净化要求高,要求排放到大气中的放射性核素应低于国家规定的容许限值以下。通常采用多种尾气净化设备串联使用,并经辐射监测合格后,才允许由高烟囱排入大气。

• 固化和固定

放射性固体废物的固化方法有很多。

水泥固化是较成熟的放射性废物处理方法。在核电站普遍采用水泥固化技术对包括放射性废液在内的中低放固体废物进行固化处理。

沥青固化主要用来对低放废液进行固化处理，也可对废树脂之类的湿固体废物进行固化，还可用沥青对放射性固体废物进行固化。在我国西南某地建成的沥青固化设施用于低放废液的固化，该设施投入运行已达10余年。

一些既不能压实减容又不能焚烧的放射性固体废物虽经清洗去污后仍需作为放射性固体处理。为了防止放射性核素扩散，须针对具体情况而采取不同的固定或封闭处理。主要采用水泥、沥青、塑料、有机和无机涂料、金属等包覆设备表面或整体，将放射性核素长期固定在固化体中，以便贮存或处置。

第三节　中试厂放射性废液和固体废物

一、中试厂废液主要来源

后处理厂产生的废液按其放射性浓度水平的不同分为高放废液、中放废液、低放废液。

高放废液主要来自第一循环的萃残液1AW，特点是放射性水平很高，它包含了乏燃料中99.9%以上的裂变产物和极少量铀、钚、镎等，特别是还包含了溶解料液中的全部氚。除1AW外，高放废液还有放射性浓度达到高放废液标准的酸性中放废液浓缩液。高放废液的处理流程较长，首先将1AW夹带的TBP用稀释剂洗涤除去，然后在蒸发器中蒸发浓缩若干倍，浓缩液在大罐贮存，最终进行玻璃固化。同时，高放废液还包括溶解料液离心澄清的冲渣水，这批水数量不大，但放射性较强，且含有一些固体颗粒和少量的易裂变物质，有的工厂将此废水单独贮存在不锈钢罐中，待进一步处理，有的工厂将此废液排入萃残液大罐中与1AW一同蒸发处理。此外，酸性中放废液浓缩液的放射性浓度虽然未达到高放废液的标准，但其中α放射性浓度已超过近地表处置α放射性浓度的限值，且原单独贮存此类废液的情况下，通常也将该废液与高放废液一起贮存。

中放废液有酸性和碱性两种。酸性中放废液来自铀、钚净化循环的萃残液2DW、3DW、2AW以及溶剂的酸性洗涤液和酸洗去污解析液，用蒸发减容的方法进一步浓缩处理；碱性中放废液来自溶剂的碱性洗涤和碱性去污解析液，经碱性中放大罐贮存送大体积水泥固化处理及处置。同时，中放废液还包括废有机相，大多采用焚烧的办法处理。

低放废液主要来自中放废液蒸发的二次蒸汽冷凝液，铀线和钚线蒸发的冷凝液，以及清洗去污的解析废液。低放废液的处理也可以使用蒸发工艺，浓缩液返回中放蒸发器，二次蒸汽冷凝液则根据其放射性浓度水平或予以排放或复用，或进一步处理后排放。同时还可以使用离子交换、无机吸附、絮凝沉淀等工艺。

中试厂废液处理：高放废液不进行浓缩处理，直接送高放大罐贮存，即1AW和1AXXW高放废液(包括中放蒸残液)通过R21设备室高放管线外排至418/1-06大罐贮存；中放废液处理，主要对中放废液(ILLW)、中放有机废液(OLW)通过R21设备室管线外排至418/1-05中放废液贮存厂房暂存；低放废液处理，在低放废水处理设施投入运行前将低放废液(LLLW 和事故 DR、SC)外排至天然蒸发池，投入运行后排入低放废水处理设施处理。

二、中试厂废液排放指标

中试厂放射性废液包括排入天然蒸发池的低放废水和污染生产下水，排入 418/1-06 的高放废液及排入 418/1-05 的中放废液和有机相，排放指标见表 7-2。废液经取样分析，根据取样分析结果进行相应的排放。

表 7-2　中试厂放射性废液排放指标

检测对象		排放指标	排入设施	备注
低放废水	裂变产物	3.46×10^{4} Bq/L	天然蒸发池或低放废水处理设施	Σ_{β}
	^{239}Pu	2.08×10^{3} Bq/L		$\Sigma_{\alpha}\times9.4\%$
	U	2×10^{-3} g/L		—
	pH	>7		—
	T	4.2×10^{7} Bq/L		—
生产下水	pH	偏碱性		—
	裂变产物	22 Bq/L		Σ_{β}
	钚及超钚	4 Bq/L		Σ_{α}
	U	5×10^{-5} g/L		—
	T	1.54×10^{4} Bq/L		—
高放废液	U	1.02 g/L	418/1—06	工艺设计值
	Pu	$>6\times10^{-5}$ g/L		—
	Σ_{γ}	$>4\times10^{10}$ Bq/L		—
	H^{+}	0.1～5 mol/L		—
中放废液	U	1.02 g/L	418/1—05	工艺设计值
	Pu	$\leqslant6\times10^{-5}$ g/L		—
	Σ_{γ}	4×10^{6} Bq/L $<\Sigma_{\gamma}\leqslant4\times10^{10}$ Bq/L		—
	pH	>7		—
废有机相	U	1.03×10^{-3} g/L		工艺设计值
	Σ_{γ}	4.59×10^{6} Bq/L		工艺设计值

三、中试厂固体废物

中试厂产生的固体废物分为两大类，一类是正常生产中产生的废物，如元件端头、包壳、过滤器芯子、离心机转鼓、阀门等。另一类是检修时产生的固体废物，如工作服、手套、塑料废物等。

生产运行中产生的固体废物均由专用设备装运至固体废物转型站。如元件切割下元件端头、锆包壳冲洗干净后，放入废包壳倾倒装置，倒入废物接收装置桶，经固体废物通道运出。装在设备室盖板上离心机、过滤器、泵、阀门等设备检修时,用屏蔽的密闭防护容器(SSERC)更换易损件(离心机转鼓、过滤器芯子、泵头、阀门芯子等)。

检修时产生可压缩固体废物首先按放射性和物性进行分类,然后包装、装桶送地区固体废物调整转型站。

四、放射性三废管理的基本要求

(1) 放射性废物必须坚持最优化管理。废物管理的目标是降低废物的产生量、减少废物处置的体积。

(2) 气态和液态废物的排放放射性浓度不应超过审管部门批准的排放限值。

(3) 对气态流出物进行连续监测,对液态流出物进行监测和控制排放。

(4) 应分类收集放射性废物与非放射性废物、长寿命放射性废物(包括高放废物和 α 废物)与短寿命放射性废物、可压缩废物和不可压缩废物,以避免混杂和交叉污染,简化废物进一步处理或处置。

(5) 应尽量把免管废物、极低放废物和可供再循环、再利用的物料从废物中分拣出来,以减少废物的处理和处置量。

(6) 废物管理必须坚持"减少产生、分类收集、监测控制、控制排放、严格包装、集中暂存、安全运输、建档管理"的原则。

(7) 谁产生废物谁负责现场处理,并将废物送到最近的收集点分类收集。

第八章　质量管理知识

学习目标:通过学习掌握质量管理和全面质量管理的概念。熟悉企业的质量方针,了解质量管理体系,包括质量保证的原则、质量保证体系的内容、质量管理体系的运作以及质量保证措施等。

第一节　质量管理

一、质量的含义

根据国际标准化组织的定义,质量是指"一组固有特性满足要求的程度"。

在这个定义中,没有将质量限定于产品或服务,而是泛指一切可单独描述和研究的事物,它可以是活动或过程,可以是产品,也可以是组织、体系或人以及上述各项的任何组合。理解质量概念,在于把握"特性"和"要求"这两个关键词。

首先,质量概念是从"特性"和"要求"这两者之间关系的角度来描述质量的。亦即某种事物的"特性"满足某个群体"要求"的程度,满足的程度越高,就可以说这种事物的质量越高越好;反之,则认为该事物的质量低或差。

其次,"特性"是指事物可以区分的特征。固有特性是指事物本来就有的,尤其是永久的特性。"固有"的反义是"赋予"或"外在",事物的"赋予"特性如"价格"等,不属于质量的范畴。

第三,"要求"是由不同的相关方提出来的,相关方是指与组织有利益关系的个人或团体,如顾客、股东、雇员、供应商、银行、工会、合作伙伴或社会等。"要求"反映了相关方对于质量概念所描述的对象的需要或期望。"要求"有时是明确规定的,如产品购销合同中对于产品性能的规定;也可以是隐含的或不言而喻的,如银行对客户存款的保密性,即使没有特别提出,也要必须保证;还可以是由法律、法规等强制规定的,如食品的卫生、电器的安全等。

二、质量管理的发展

质量管理是指为了实现质量目标,而进行的所有管理性质的活动。在质量方面的指挥和控制活动,通常包括制定质量方针和质量目标以及质量策划、质量控制、质量保证和质量改进。质量管理的发展大致经历了 3 个阶段。

1. 质量检验阶段

20 世纪前,产品质量主要依靠操作者本人的技艺水平和经验来保证,属于"操作者的质量管理"。20 世纪初,以 F. W. 泰勒为代表的科学管理理论的产生,促使产品的质量检验从加工制造中分离出来,质量管理的职能由操作者转移给工长,是"工长的质量管理"。随着企业生产规模的扩大和产品复杂程度的提高,产品有了技术标准(技术条件),公差制度也日趋完善,各种检验工具和检验技术也随之发展,大多数企业开始设置检验部门,有的直属于厂长领导,这时是“检验员的质量管理”。上述几种做法都属于事后检验的质量管理方式。

2. 统计质量控制阶段

1924 年,美国数理统计学家 W. A. 休哈特提出控制和预防缺陷的概念。他运用数理统计的原理提出在生产过程中控制产品质量的“6σ”法,绘制出第一张控制图并建立了一套统计卡片。与此同时,美国贝尔研究所提出关于抽样检验的概念及其实施方案,成为运用数理统计理论解决质量问题的先驱,但当时并未被普遍接受。以数理统计理论为基础的统计质量控制的推广应用始自第二次世界大战。由于事后检验无法控制武器弹药的质量,美国国防部决定把数理统计法用于质量管理,并由标准协会制定有关数理统计方法应用于质量管理方面的规划,成立了专门委员会,并于 1941—1942 年先后公布一批美国战时的质量管理标准。

3. 全面质量管理阶段

20 世纪 50 年代以来,随着生产力的迅速发展和科学技术的日新月异,人们对产品的质量从注重产品的一般性能发展为注重产品的耐用性、可靠性、安全性、维修性和经济性等。在生产技术和企业管理中要求运用系统的观点来研究质量问题。在管理理论上也有新的发展,突出重视人的因素,强调依靠企业全体人员的努力来保证质量此外,还有“保护消费者利益”运动的兴起,企业之间市场竞争越来越激烈。在这种情况下,美国 A. V. 费根鲍姆于 60 年代初提出全面质量管理的概念。他提出,全面质量管理是“为了能够在最经济的水平上、并考虑到充分满足顾客要求的条件下进行生产和提供服务,并把企业各部门在研制质量、维持质量和提高质量方面的活动构成为一体的一种有效体系”。

三、质量管理的原则

质量管理的八项原则为:

(1) 以顾客为关注焦点

组织依存于其顾客,因此,组织应理解顾客当前的和未来的需求,满足顾客要求并争取超越顾客期望。

顾客是组织存在的基础,顾客的要求应放在组织的第一位。最终的顾客是使用产品的群体,对产品质量感受最深,其期望和需求对于组织意义重大。对潜在的顾客亦不容忽视,如果条件成熟,他们会成为组织的一大批现实的顾客。

实施本原则时一般要采取的主要措施包括:全面了解顾客的需求和期望,确保顾客的需求和期望在整个组织中得到沟通,确保组织的各项目标;有计划地、系统地测量顾客满意程度并针对测量结果采取改进措施;在重点关注顾客的前提下,确保兼顾其他相关方的利益,使组织得到全面、持续的发展。

(2) 领导作用

一个组织的领导者,即最高管理者是:“在最高层指挥和控制组织的一个人或一组人”。领导者要想指挥好和控制好一个组织,必须做好确定方向、策划未来、激励员工、协调活动和营造一个良好的内部环境等工作。

实施本原则时一般要采取的措施包括：全面考虑所有相关方的需求，做好发展规划，为组织勾画一个清晰的远景，设定富有挑战性的目标，并实施为达到目标所需的发展战略；在一定范围内给予员工自主权，激发、鼓励并承认员工的贡献，提倡公开和诚恳的交流和沟通，建立宽松、和谐的工作环境，创造并坚持一种共同的价值观，形成企业的精神和企业文化。

(3) 全员参与

各级人员是组织之本，只有他们的充分参与，才能使他们的才干为组织带来收益。

实施本原则可使全体员工动员起来，积极参与，努力工作，实现承诺，树立起工作责任心和事业心。为实现组织的方针和战略做出贡献。

实施本原则一般要采取的主要措施包括：对员工进行职业道德的教育，教育员工要识别影响他们工作的制约条件；在本职工作中，让员工有一定的自主权，并承担解决问题的责任。把组织的总目标分解到职能部门和层次，激励员工为实现目标而努力，并评价员工的业绩；启发员工积极提高自身素质；在组织内部提倡自由地分享知识和经验，使先进的知识和经验成为共同的财富。

(4) 过程方法

将活动和相关的资源作为过程进行管理，可以更高效地得到期望的结果。

过程方法或 PDCA(P—策划，D—实施，C—检查，A—处置)模式适用于对每一个过程的管理，这是公认的现代管理方法。

过程方法的目的是获得持续改进的动态循环并使组织的总体业绩得到显著的提高。其通过识别组织内的关键过程，随后加以实施和管理并不断进行持续改进来达到顾客满意。

实施本原则一般要采取的措施包括：识别质量管理体系所需要的过程；确定每个过程的关键活动，并明确其职责和义务；确定对过程的运行实施有效控制的准则和方法，实施对过程的监视和测量，并对其结果进行数据分析，发现改进的机会并采取措施。

(5) 管理的系统方法

质量管理的系统方法，就是要把质量管理体系作为一个大系统，对组成质量管理体系的各个过程加以识别、理解和管理，以达到实现质量方针和质量目标。

系统方法可包括系统分析、系统工程和系统管理三大环节。

实施本原则时一般要采取的措施包括：建立一个以过程方法为主体的质量管理体系；明确质量管理过程的顺序和相互作用，使这些过程相互协调；控制并协调质量管理体系的各过程的运行，并规定其运行的方法和程序；通过对质量管理体系的测量和评审，采取措施以持续改进体系，提高组织的业绩。

(6) 持续改进

进行质量管理的目的就是保持和提高产品质量，没有改进就不可能提高。持续改进是增强满足要求能力的循环活动，通过不断寻求改进机会，采取适当的改进方式，重点改进产品的特性和管理体系的有效性。改进的途径可以是日常渐进的改进活动也可以是突破性的改进项目。

实施本原则时一般要采取的措施包括：使持续改进成为一种制度；对员工提供关于持续改进的方法和工具的培训，使产品、过程和体系的持续改进成为组织内每个员工的目标；为跟踪持续改进规定指导和测量的目标，承认改进的结果。

(7) 基于事实的决策方法

对数据和信息的逻辑分析或直觉判断是有效决策的基础。以事实为依据做决策,可以防止决策失误。

实施本原则可增强通过实际来验证过去决策的正确性的能力,可增强对各种意见和决策进行评审、质疑和更改的能力,发扬民主决策的作风,使决策更切合实际。

实施本原则时一般要采取的措施包括:收集与目标有关的数据和信息,并规定收集信息的种类渠道和职责;通过鉴别,确保数据和信息的准确性和可靠性;采取各种有效方法,对数据和信息进行分析,确保数据和信息能为使用者得到和利用;根据对事实的分析。过去的经验和直觉判断做出决策并采取行动。

(8) 与供方互利的关系

供方提供的产品将对组织向顾客提供满意的产品产生重要影响,能否处理好与供方的关系,影响到组织能否持续稳定地向顾客提供满意的产品。

实施本原则时一般要采取的措施包括:识别并选择重要供方,考虑眼前和长远的利益;创造一个通畅和公开的沟通渠道,及时解决问题,联合改进活动;与重要供方共享专门技术、信息和资源．激发、鼓励和承认供方的改进及其成果。

第二节　全面质量管理

一、全面质量管理的特点

中国自 1978 年开始推行全面质量管理,并取得了一定成效。全面质量管理是指在全面社会的推动下,企业中所有部门、所有组织、所有人员都以产品质量为核心,把专业技术、管理技术、数理统计技术集合在一起,建立起一套科学严密高效的质量保证体系,控制生产过程中影响质量的因素,以优质的工作最经济的办法提供满足用户需要的产品的全部活动。其显著特点主要有:

(1) 拓宽管理跨度,增进组织纵向交流;

(2) 减少劳动分工,促进跨职能团队合作;

(3) 实行防检结合,以预防为主的方针,强调企业活动的可测度和可审核性;

(4) 最大限度地向下委派权利和职责,确保对顾客需求的变化做出迅速而持续的反应;

(5) 优化资源利用,降低各个环节的生产成本;

(6) 追求质量效益,实施名牌战略,获取长期竞争优势;

(7) 焦点从技术手段转向组织管理,强调职责的重要性;

(8) 不断对员工实施培训,营造持续质改进的文化,塑造不断学习、改进与提高的文化氛围。

二、推行全面质量管理的意义

推行全面质量管理的意义主要有:

(1) 提高产品质量;

(2) 改善产品设计;

(3) 加速生产流程；

(4) 鼓舞员工的士气和增强质量意识；

(5) 改进产品售后服务；

(6) 提高市场的接受程度；

(7) 降低经营质量成本；

(8) 减少经营亏损；

(9) 降低现场维修成本；

(10) 减少责任事故。

质量管理发展到全面质量管理，是质量管理工作的又一个大的进步，统计质量管理着重于应用统计方法控制生产过程质量，发挥预防性管理作用，从而保证产品质量。然而，产品质量的形成过程不仅与生产过程有关，还与其他许多过程、许多环节和因素相关联，这不是单纯依靠统计质量管理所能解决的。全面质量管理相对更加适应现代化大生产对质量管理整体性、综合性的客观要求，从过去限于局部性的管理进一步走向全面性、系统性的管理。

第三节　企业的质量方针

质量方针(quality policy)是由组织的最高管理者正式发布的该组织总的质量宗旨和方向。

通常质量方针与组织的总方针相一致并为制定质量目标提供框架，质量管理原则可以作为制定质量方针的基础。

一、质量方针的要求

(1) 按照 ISO 9001:2000 的要求，最高管理者应确保质量方针：① 与组织的宗旨相适应；② 包括对满足要求和持续改进的承诺；③ 提供制定和评审质量目标的框架；④ 在组织各适当层次上达到沟通和理解；⑤ 在持续适宜性方面得到评审。

(2) 按照 ISO 9004:2000 的要求，在制定质量方针时，最高管理者应考虑：① 预期的顾客满意程度；② 其他相关方的需要；③ 持续改进的机会和需求；④ 所需的资源；⑤ 供方和合作者的作用。

(3) 经过有效沟通而制定的质量方针应：① 与组织的未来发展相一致；② 使组织的所有成员都理解质量方针；③ 表明最高管理者对质量以及为其实现提供足够资源的承诺；④ 在最高管理者的明确领导下，促进组织各个层次对质量的承诺；⑤ 阐述持续改进和顾客的满意度。

组织的质量方针并不是一成不变，质量方针应定期评审，并在必要时予以修订。

二、质量方针的内容

质量方针是企业经营总方针的组成部分，是企业管理者对质量的指导思想和承诺。企业最高管理者应确定质量方针并形成文件。不同的企业可以有不同的质量方针，但都必须具有明确的号召力。“以质量求生存，以产品求发展”，“质量第一，服务第一”，“赶超世界或同行业先进水平”等这样一些质量方针(服务企业称之为服务宗旨)很适于企业对外的宣传，因为它是对企业质量方针具有高度概括性和强烈的号召力。但是，就对企业内部指导活动而言,这样的描述、概括就显得过于笼统,因此需要加以明确,使之具体化。专家认为质量方针是企业经营总方针的组成部分,是企业管理者对质量的指导思想和承诺。企业最高管理者应确定质量方针并形成文件。

企业质量方针的具体内容一般包括以下几个方面:

(1) 关于产品设计质量。确定企业产品所要达到的质量水平,即对产品的设计质量,不同的企业可以有不同的质量方针:

① 设计质量跃居领先水平,在国际市场上具有竞争能力,产品在一段时间内可以高价出售(优质优价),使企业获得超额利润;

② 产品具有较高的可靠性,在国内市场具有竞争能力,与竞争对手的售价相同,而以提高服务质量使销售额超过竞争对手;

③ 产品保持一定的质量水平,大幅度地降低制造成本,适当降低销售价格,以求薄利多销;

④ 产品质量水平一般,但兼有其他多种功能,能做到一机多用,满足用户要求。每个企业必须根据市场需求信息和本企业的人员素质、技术、资源、环境、生产能力等条件,确定应当采取的设计质量方针。

(2) 关于同供应厂商关系。规定同供应厂商的合作形式,例如确定供货验收方法,为长期合作的供应商提供各种技术与物资援助,协助供应商开展质量保证活动,定期对其质量保证能力进行调查和评价等。

(3) 关于质量活动的要求。一般企业的质量活动要求是:

① 各个环节均应贯彻以预防为主、为用户服务的原则;

② 技术部门必须向质量控制部门提供解决质量关键、改进产品质量的方案和具体措施;

③ 建立制订和落实质量目标、质量计划所需的质量保证组织机构及其职能;

④ 各部门对其承担的质量职能应提出书面的工作程序和作法;

⑤ 协调各种质量活动;

⑥ 定期检查各种技术组织实施的完成就情况等。

(4) 关于售后服务。确定销售和为用户服务的总则,例如企业的经营方针、接受订货和销售方式、技术服务要求、产品的“三包”与“三保”等。

(5) 关于制造质量、经济效益和质量检验的要求是:

① 规定提高合格率或降低废品率的要求;

② 质量成本分析与控制的要求;

③ 适应性判断的程序与权限;

④ 对制造成本和价格及利润的提高水平等进行计算等。

第四节　质量管理体系要求

一、质量管理体系总要求

企业应按标准的要求建立质量管理体系,形成文件,加以实施和保持,并持续改进。

企业应：

(1) 识别质量管理体系所需的过程及其在组织中的应用；

(2) 确定这些过程的顺序和相互作用；

(3) 确定为确保这些过程的有效运作和控制所需的准则和方法；

(4) 确保可以获得必要的资源和信息，以支持这些过程的运作和监视；

(5) 测量、监视和分析这些过程；

(6) 实施必要的措施，以实现对这些过程所策划的结果和对这些过程的持续改进。

二、文件要求

(1) 总则

质量管理体系文件应包括：

① 形成文件的质量方针和质量目标声明；

② 质量手册；

③ 本标准所要求的形成文件的程序；

④ 企业为确保其过程有效策划、运作和控制所需的文件；

⑤ 本标准所要求的质量记录

(2) 质量手册

企业应编制和保持质量手册，质量手册包括：

① 质量管理体系的范围，包括任何删减的细节与合理性；

② 为质量管理体系编制的形成文件的程序或对其引用；

③ 质量管理体系过程的相互作用的表述。

(3) 文件控制

质量管理体系所要求的文件应予以控制。质量记录是一种特殊类型的文件，应依据条款的要求进行控制。

应编制形成文件的程序，以规定以下方面所需的控制：

① 文件发布前得到批准，以确保文件是充分的；

② 必要时对文件进行评审、更新并再次批准；

③ 确保文件的更改和现行修订状态得到识别；

④ 确保在使用处可获得有关版本的适用文件；

⑤ 确保文件保持清晰、易于识别；

⑥ 确保外来文件得到识别，并控制其分发；

⑦ 防止作废文件的非预期使用，若因任何原因而保留作废文件时，对这些文件进行适当的标识。

(4) 质量记录的控制

应制定并保持质量记录，以提供质量管理体系符合要求和有效运行的证据。质量记录应保持清晰、易于识别和检索。应编制形成文件的程序，以规定质量记录的标识、贮存、保护、检索、保存期限和处置所需的控制。

三、产品质量

1. 产品实现的策划

企业应策划和开发产品实现所需的过程。产品实现的策划应与质量管理体系其他过程的要求相一致。

在对产品进行策划时,企业应在适当时确定以下方面的内容:

(1) 产品的质量目标和要求;

(2) 针对产品确定过程、文件和资源的需求;

(3) 产品所要求的验证、确认、监视、检验和试验活动,以及产品接收准则;

(4) 为实现过程及其产品满足要求提供证据所需的记录。

2. 与顾客有关的过程

(1) 与产品有关的要求的确定

企业应确定:

① 顾客规定的要求,包括对交付及交付后活动的要求;

② 顾客虽然没有规定,但规定的用途或已知的预期用途所必需的要求;

③ 与产品有关的法律法规要求;

④ 组织确定的任何附加要求。

(2) 与产品有关的要求的评审

企业应评审与产品有关的要求。评审应在企业向顾客作出提供产品的承诺之前进行(如:提交标书、接受合同或订单及接收合同或订单的更改),并应确保:

① 产品要求得到规定;

② 与以前表述不一致的合同或订单的要求已予解决;

③ 企业有能力满足规定的要求。

(3) 顾客沟通

企业应对以下有关方面确定并实施与顾客沟通的有效安排:

① 产品信息;

② 问询、合同或订单的处理,包括对其的修改;

③ 顾客反馈,包括顾客投诉。

3. 采购

(1) 采购过程

企业应确保采购的产品符合规定的采购要求。对供方及采购的产品控制的类型和程度应取决于采购的产品对随后的产品实现或最终产品的影响。

企业应根据供方按企业的要求提供产品的能力评价和选择供方。应制定选择、评价和重新评价的准则。评价结果及评价所引发的任何必要措施的记录应予保持。

(2) 采购信息

采购信息应表述拟采购的产品,适当时包括:

① 产品、程序、过程和设备批准的要求;

② 人员资格的要求;

③ 质量管理体系的要求。

在与供方沟通前，企业应确保规定的采购要求是充分的。

(3) 采购产品的验证

企业应建立并实施检验或其他必要的活动，以确保采购的产品满足规定的采购要求。

当企业或其顾客拟在供方的现场实施验证时，企业应在采购信息中对拟验证的安排和产品放行的方法作出规定。

4. 生产和服务提供

(1) 生产和服务提供的控制

企业应策划并在受控条件下进行生产和服务提供。适用时，受控条件应包括：

① 获得表述产品特性的信息；

② 获得作业指导书；

③ 使用适宜的设备；

④ 获得和使用监视和测量装置；

⑤ 实施监视和测量；

⑥ 放行、交付和交付后活动的实施。

(2) 生产和服务提供过程的确认

当生产和服务提供过程的输出不能由后续的监视或测量加以验证时，企业应对任何这样的过程实施确认。这包括仅在产品使用或服务已交付之后缺陷才变得明显的过程。

确认应证实这些过程实现所策划的结果的能力。

企业应规定确认这些过程的安排，适用时包括：

① 为过程的评审和批准所规定的准则；

② 设备的认可和人员资格的鉴定；

③ 使用特定的方法和程序；

④ 记录的要求；

⑤ 再确认。

5. 监视和测量装置的控制

企业应确定需实施的监视和测量，以及为产品符合确定的要求提供证据所需的监视和测量装置。

企业应建立过程，以确保监视和测量活动可行并以与监视和测量的要求相一致的方式实施。

当有必要确保有效结果时，测量设备应：

(1) 对照能溯源到国际或国家基准的测量基准，按照规定的时间间隔或在使用前进行校准或验证。当不存在上述基准时，应记录校准或验证的依据；

(2) 必要时进行调整或再调整；

(3) 得到识别，以确定其校准状态；

(4) 防止可能使测量结果失效的调整；

(5) 在搬运、维护和贮存期间防止损坏或失效；

此外，当发现设备不符合要求时，企业应对以往测量结果的有效性进行评价和记录。企业应对该设备和任何受影响的产品采取适当的措施。校准和验证结果的记录应予保持。

当用于规定要求的监视和测量时,计算机软件满足预期用途的能力应予以确认。确认应在初次使用前进行,并在必要时予以重新确认。

四、测量、分析和改进

1. 总则

企业应策划并实施所需的监视、测量、分析和改进过程,以便:

(1) 证实产品的符合性;

(2) 确保质量管理体系的符合性;

(3) 持续改进质量管理体系的有效性。

这应包括对适用方法及应用程度的确定,包括统计技术。

2. 监视和测量

(1) 顾客满意

作为对质量管理体系业绩的一种测量,企业应监视顾客对企业是否满足其要求的感知的有关信息。获取和利用这种信息的方法应予以确定。

(2) 内部审核

企业应按计划的时间间隔进行内部审核,以确定质量管理体系是否:

① 符合策划的安排、本标准的要求以及企业所确定的质量管理体系的要求;

② 得到有效实施与保持。

考虑拟审核的过程、区域的状况和重要性以及以往审核的结果,企业应对审核方案进行策划。应规定审核的准则、范围、频次和方法。审核员的选择和审核的实施应确保审核过程的客观性和公正性。审核员不应审核自己的工作。

策划和实施审核以及报告结果和保持记录的职责和要求应在形成文件的程序中作出规定。

负责受审区域的管理者应确保及时采取措施,以消除已发现的不合格及其产生的原因。跟踪活动应包括对所采取措施的验证和验证结果的报告。

(3) 过程的监视和测量

企业应采用适宜的方法对质量管理体系过程进行监视,并在适用时进行测量。这些方法应证实过程实现所策划的结果的能力。当未能达到所策划的结果时,应在适当时采取纠正措施,以确保产品的符合性。

(4) 产品的监视和测量

企业应对产品的特性进行监视和测量,以验证产品要求得到满足。这种监视和测量应依据策划的安排,在产品实现过程的适当阶段进行。

应保持符合接收准则的证据。记录应指明有权放行产品的人员。

除非得到有关授权人员的批准,适用时得到顾客的批准,否则在所有策划的安排均已圆满完成之前,不得放行产品和交付服务。

3. 不合格品控制

企业应确保不符合产品要求的产品得到识别和控制,以防止非预期的使用或交付。不合格品控制以及不合格品处置的有关职责和权限应在形成文件的程序中作出规定。

企业应采取下列一种或几种方法，处置不合格品：

(1) 采取措施，消除发现的不合格品；

(2) 经有关授权人员批准，适用时经顾客批准，让步使用、放行或接收不合格品；

(3) 采取措施，防止其原预期的使用或应用。

应保持不合格的性质以及随后所采取的任何措施的记录，包括所批准的让步的记录。

应对纠正后的产品再次进行验证，以证实符合要求。

当在交付或开始使用后发现产品不合格时，企业应采取与不合格的影响或潜在影响的程度相适应的措施。

4. 数据分析

企业应确定、收集和分析适当的数据，以证实质量管理体系的适宜性和有效性，并评价在何处可以进行质量管理体系的持续改进。这应包括来自监视和测量的结果以及其他有关来源的数据。

数据分析应提供有关以下方面的信息：

(1) 顾客满意；

(2) 与产品要求的符合性；

(3) 过程和产品的特性及趋势，包括采取预防措施的机会；

(4) 供方。

第五节 质量保证

一、质量保证

质量保证(Quality Assurance)指为使人们确信某一产品、过程或服务的质量所必需的全部有计划有组织的活动。也可以说是为了提供信任表明实体能够满足质量要求，而在质量体系中实施并根据需要进行证实的全部有计划和有系统的活动。

质量保证就是按照一定的标准生产产品的承诺、规范、标准。由国家质量技术监督局，提供产品质量技术标准，即生产配方、成分组成，包装及包装容量多少、运输及贮存中注意的问题，产品要注明生产日期、厂家名称、地址等，经国家质量技术监督局批准这个标准后，公司才能生产产品。国家质量技术监督局就会按这个标准检测生产出来的产品是否符合标准要求，以保证产品的质量符合社会大众的要求。质量保证一般适用于有合同的场合，其主要目的是使用户确信产品或服务能满足规定的质量要求。如果给定的质量要求不能完全反映用户的需要，则质量保证也不可能完善。

质量保证分为内部质量保证和外部质量保证，内部质量保证是企业管理的一种手段，目的是为了取得企业领导的信任。外部质量保证是在合同环境中，供方取信于需方信任的一种手段。因次，质量保证的内容绝非是单纯的保证质量，而更重要的是要通过对那些影响质量的质量体系要素进行一系列有计划、有组织的评价活动，为取得企业领导和需方的信任而提出充分可靠的证据。

通过质量保证活动，发现质量工作中的薄弱环节和存在问题，再采取针对性的质量改进措施，进入新一轮的质量管理 PDCA 循环，以不断获得质量管理的成效。

二、质量保证的原则

质量保证的基本原则为：

(1) 质量保证体系，主要以产品或提供的服务为对象来建立，在时也可以以工序(或过程)为对象来建立。

(2) 质量保证手段应坚持管理与技术相结合，即反复查核企业有无足够的技术保证能力和管理保证能力，两者缺一不可。

(3) 质量信息管理，是使质量保证体系正常运转的动力，没有质量信息，体系就是静止的，只是形式上的体系。

(4) 质量保证体系不是制度化、标准化的代名词，决不应成为书面的、文件式的质量保证体系。

(5) 质量保证体系的深度与广度，取决于质量目标，没有适应不同质量水平的一成不变的质量保证体系。

三、质量保证体系的内容

质量保证体系的内容主要包括：

(1) 项目施工质量目标。必须明确并符合质量总目标的要求。项目质量目标的分解主要从时间角度和空间角度展开。

(2) 项目施工质量计划。应根据企业的质量手册和项目质量目标来编制。工程项目质量计划可以按内容分为质量工作计划和质量成本计划。

(3) 思想保证体系。用全面质量管理的思想、观点和方法，使全体人员真正树立起强烈的质量意识。

(4) 组织保证体系。建立健全各级组织，分工负责，做到以预防为主，预防与检查相结合，形成一个有明确任务、职责、权限、互相协调和互相促进的有机整体。

(5) 工作保证体系。通过施工准备阶段、施工阶段、竣工验收阶段进行质量控制。

四、质量保证体系的运作

质量保证体系运作的基本方式可以描述为计划(Plan)—实施(Do)—检查(Check)—处理(Action)的管理循环，简称 PDCA 循环。

第一个阶段称：计划阶段(P)。

计划阶段的主要内容是制订质量目标、活动计划、管理项目和措施方案。步骤：

① 分析现状，找出存在的质量问题；

② 分析产生质量问题的各种原因和影响因素；

③ 从各种原因中找出质量问题的主要原因；

④ 针对造成质量问题的主要原因，制定技术措施方案，提出解决措施的计划并预测预期效果，然后具体落实到执行者、时间进度、地点和完成方法等各个方面。

第二个阶段：执行阶段(D)。

执行阶段就是将指定的计划和措施，具体组织实施，这是质量管理循环的第五步。

第三个阶段：检查阶段(C)。

检查阶段也是质量管理循环的第六步。主要是在计划执行过程中或执行之后，检查执行情况，是否符合计划的预期结果。

第四个阶段：处理阶段(A)。

包括两个步骤：

① 总结经验教训，巩固成绩，处理差错；

② 将未解决的问题转入下一个循环，作为下一个循环的计划目标。

五、质量保证措施

企业应通过使用质量方针、质量目标、审核结果、数据分析、纠正和预防措施以及管理评审，持续改进质量管理体系的有效性。企业应采取措施，以消除不合格的原因，防止再发生。纠正措施应与所遇到不合格的影响程度相适应。主要包括：

(1) 评审不合格(包括顾客投诉)；

(2) 确定不合格的原因；

(3) 评价确保不合格不再发生的措施的需求；

(4) 确定和实施所需的措施；

(5) 记录所采取措施的结果；

(6) 评审所采取的纠正措施。

企业应确定措施，以消除潜在不合格的原因，防止其发生。预防措施应与潜在问题的影响程度相适应。主要包括：

(1) 确定潜在不合格及其原因；

(2) 评价防止不合格发生的措施的需求；

(3) 确定并实施所需的措施。

第九章　电工知识

学习目标：通过学习了解电流、电压、电阻的基本概念，了解工厂常用电器的分类及用途。了解导体与绝缘体的知识。熟悉电气安全知识，包括危险的电流强度、触电事故种类和方式、防止触电与触电急救方法、电气防火防爆知识等。

第一节　电流、电压、电阻

1. 电流

（1）基本概念

电流，是指电荷的定向移动。

电流的大小称为电流强度（简称电流，符号为 I），是指单位时间内通过导线某一截面的电荷量，每秒通过 1 库仑的电量称为 1 安培（A）。安培是国际单位制中所有电性的基本单位。除了 A，常用的单位有毫安（mA）、微安（μA）。

物理上规定电流的方向，是正电荷定向移动的方向。

电荷指的是自由电荷，在金属导体中的是自由电子，在酸、碱、盐的水溶液中的是正、负离子。

（2）形成原因及产生条件

电压，是使电路中电荷定向移动形成电流的原因。

① 必须具有能够自由移动的电荷（金属中只有负电荷移动，电解液中为正负离子同时移动）。

② 导体两端存在电压差（要使闭合回路中得到持续电流，必须要有电源）。

③ 电路必须为通路。

2. 电压

（1）基本概念

大家都知道，水在管中之所以能流动，是因为有着高水位和低水位之间的差别而产生的一种压力，水才能从高处流向低处。城市中使用的自来水，之所以能够一打开水龙头，水就能从管中流出来，也是因为自来水的贮水塔比地面高，或者是用水泵推动水产生压力差的缘故。电也是如此，电流之所以能够在导线中流动，也是因为在电流中有着高电势能和低电势能之间的差别。这种差别叫电势差，也叫电压。换句话说。在电路中，任意两点之间的电位差称为这两点的电压。通常用字母 U 代表电压，电压的单位是伏特，简称伏，用符号 V 表示。高电压可以用千伏（kV）表示，低电压可以用毫伏（mV）表示，也可以用微伏（μV）表示。电压是产生电流的原因。

（2）电压的分类

电压可分为高电压与低电压。

高低压的区别是:以火线的对地间的电压值为依据的。对地电压高于 250 伏的为高压。对地电压小于 250 伏的为低压。

家庭用电 220 伏是一种低压。工业常用的 380 伏电压其实也是一种低压,因为它是 3 根火线 1 根零线,火线的对地电压是 220 伏,所以它也是低压。

3. 电阻

导体对电流的阻碍作用就叫该导体的电阻。电阻小的物质称为电导体,简称导体。电阻大的物质称为电绝缘体,简称绝缘体。

在物理学中,用电阻来表示导体对电流阻碍作用的大小。导体的电阻越大,表示导体对电流的阻碍作用越大。不同的导体,电阻一般不同,电阻是导体本身的一种性质。

导体的电阻通常用字母 R 表示,电阻的单位是欧姆,简称欧,符号是 Ω。比较大的单位有千欧(kΩ)、兆欧(MΩ)(兆＝百万,即 100 万)。

电阻器简称电阻(通常用“*R*”表示)是所有电子电路中使用最多的元件。电阻的主要物理特征是变电能为热能,也可说它是一个耗能元件,电流经过它就产生内能。电阻在电路中通常起分压分流的作用,对信号来说,交流与直流信号都可以通过电阻。

第二节　工厂常用电器

一、工厂常用电器的种类

1. 电动机

电动机主要分为直流电动机与交流电动机两类。

(1) 直流电动机

直流电动机具有调速性能好、启动力矩大的特点,直流电动机的性能与它的励磁方式密切相关,通常直流电动机的励磁方式有 4 种。同励磁方式的直流电机有着不同的特性。一般情况直流电动机的主要励磁方式是并励式、串励式和复励式,直流发电机的主要励磁方式是他励式、并励式和和复励式。

(2) 交流电动机

交流电动机,是将电能转变为机械能的一种机器,交流电动机主要由一个用以产生磁场的电磁铁绕组或分布的定子绕组和一个旋转电枢或转子组成。电动机利用通电线圈在磁场中受力转动的现象而制成的。分为同步电动机和异步电动机两大类。

① 同步电动机

同步电动机是一种转子转速与定子旋转磁场的转速相同的交流电动机。其转子转速 n 与磁极对数 p、电源频率 f 之间满足 $n=f/p$。转速 n 决定于电源频率 f,故电源频率一定时,转速不变,且与负载无关。具有运行稳定性高和过载能力大等特点。

② 异步电动机

异步电机是一种交流电机,其负载时的转速与所接电网的频率之比不是恒定关系。还随着负载的大小发生变化。负载转矩越大,转子的转速越低。

③ 鼠笼式异步电动机

鼠笼式转子用铜条安装在转子铁芯槽内,两端用端环焊接,形状像鼠笼。鼠笼式电机结构简单、价格低。

④ 绕线式异步电动机

绕线式转子的绕组和定子绕组相似,三相绕组连接成星形,三根端线连接到装在转轴上的三个铜滑环上,通过一组电刷与外电路相连接。绕线式电动机结构复杂,价格高。

2. 其他常用电器元件

① 电阻

物质对电流的阻碍作用就叫该物质的电阻。电阻小的物质称为电导体,简称导体。电阻大的物质称为电绝缘体,简称绝缘体。在物理学中,用电阻来表示导体对电流阻碍作用的大小。导体的电阻越大,表示导体对电流的阻碍作用越大。

② 电容

电容(或电容量,Capacitance)指的是在给定电位差下的电荷储藏量;记为 C,国际单位是法拉(F)。

③ 电感

电感是指线圈在磁场中活动时,所能感应到的电流的强度,单位是“亨利”(H)。也指利用此性质制成的元件。

④ 断路器

断路器按其使用范围分为高压断路器,和低压断路器,高低压界线划分比较模糊,一般将 3 kV 以上的称为高压电器。低压断路器又称自动开关,它是一种既有手动开关作用,又能自动进行失压、欠压、过载和短路保护的电器。它可用来分配电能,不频繁地启动异步电动机,对电源线路及电动机等实行保护,当它们发生严重的过载或者短路及欠压等故障时能自动切断电路,其功能相当于熔断器式开关与过欠热继电器等的组合。

⑤ 继电器

继电器是一种电子控制器件,它具有控制系统(又称输入回路)和被控制系统(又称输出回路),通常应用于自动控制电路中,它实际上是用较小的电流去控制较大电流的一种“自动开关”。故在电路中起着自动调节、安全保护、转换电路等作用。

⑥ 不间断电源(UPS)

UPS(Uninterruptible Power System),即不间断电源,是一种含有储能装置,以逆变器为主要组成部分的恒压恒频的不间断电源。主要用于给单台计算机、计算机网络系统或其他电力电子设备提供不间断的电力供应。当市电输入正常时,UPS 将市电稳压后供应给负载使用,此时的 UPS 就是一台交流市电稳压器,同时它还向机内电池充电;当市电中断(事故停电)时,UPS 立即将机内电池的电能,通过逆变转换的方法向负载继续供应 220 V 交流电,使负载维持正常工作并保护负载软、硬件不受损坏。

⑦ 整流器

整流器是一个整流装置,简单地说就是将交流(AC)转化为直流(DC)的装置。它有两个主要功能:第一,将交流电(AC)变成直流电(DC),经滤波后供给负载,或者供给逆变器;

第二，给蓄电池提供充电电压。因此，它同时又起到一个充电器的作用。

⑧ 逆变器

逆变器(inverter)是把直流电能(电池、蓄电瓶)转变成交流电(一般为220 V-50 Hz正弦或方波)。应急电源，一般是把直流电瓶逆变成220 V交流的。通俗地讲，逆变器是一种将直流电(DC)转化为交流电(AC)的装置。

二、常用电器的用途

1. 电动机的用途

(1) 直流电动机的用途

直流电动机是将直流电能变为机械能的旋转电机。直流电动机最大优点是具有很好的启动特性和调速特性。直流电动机用于需要大力矩输出及调速的场合，如高精度吊车、高级电梯、伺服机构及直接由蓄电池供电的电动机构如直流油泵、空压机等。直流电机在电厂中主要作为交流电机的备用动力，在交流系统出现故障的时候由直流系统供电起到应急和备用的作用。在一些要求调速范围较宽的场合比较适用。

(2) 交流电动机的用途

交流电动机分为同步电动机和异步电动机。异步电动机又称为感应电动机，电厂中的绝大部分电动机是异步电动机，用它来拖动的机械，如水泵、风机等。

异步电动机之所以得到广泛的应用，是因为它具有结构简单、运行可靠、维护方便、效率较高等优点，但也有缺点，如转速调节比较复杂，且使所接电网的功率因数降低。而在单机容量较大，需要保持恒定速度的场合，常采用功率因数可调节的同步电动机。

2. 其他常用电器元件的用途

(1) 电阻

电阻器简称电阻(Resistor，通常用R表示)是所有电子电路中使用最多的元件。电阻的主要物理特征是变电能为热能，也可说它是一个耗能元件，电流经过它就产生内能。电阻在电路中通常起分压分流的作用，对信号来说，交流与直流信号都可以通过电阻。

(2) 电容

电容器从物理学上讲，它是一种静态电荷存储介质(就像一只水桶一样，你可以把电荷充存进去，在没有放电回路的情况下，刨除介质漏电自放电效应/电解电容比较明显，可能电荷会永久存在，这是它的特征)，它的用途较广，它是电子、电力领域中不可缺少的电子元件。主要用于电源滤波、信号滤波、信号耦合、谐振、隔直流等电路中。

(3) 电感

电感是导线内通过交流电流时，在导线的内部及其周围产生交变磁通，导线的磁通量与生产此磁通的电流之比。

当电感中通过直流电流时，其周围只呈现固定的磁力线，不随时间而变化；可是当在线圈中通过交流电流时，其周围将呈现出随时间而变化的磁力线。根据法拉第电磁感应定律——磁生电来分析，变化的磁力线在线圈两端会产生感应电势，此感应电势相当于一个“新电源”。当形成闭合回路时，此感应电势就要产生感应电流。由楞次定律知道感应电流所产生的磁力线总量要力图阻止原来磁力线的变化的。由于原来磁力线变化来源于外加交变电源的变化,故从客观效果看,电感线圈有阻止交流电路中电流变化的特性。电感线圈有与力学中的惯性相类似的特性,在电学上取名为“自感应”,通常在拉开闸刀开关或接通闸刀开关的瞬间,会发生火花,这就是自感现象产生很高的感应电势所造成的。

(4) 断路器

在电网中,断路器主要的作用有两个方面:

① 控制作用。即根据运行需要,投入或切除部分电力设备或线路。

② 保护作用。即在电力设备或线路发生故障时,通过继电保护及自动装置作用于断路器,将故障部分从电网中迅速切除,以保证电网非故障部分的正常运行。

(5) 继电器

继电器是具有隔离功能的自动开关元件,广泛应用于遥控、遥测、通讯、自动控制、机电一体化及电力电子设备中,是最重要的控制元件之一。

继电器一般都有能反映一定输入变量(如电流、电压、功率、阻抗、频率、温度、压力、速度、光等)的感应机构(输入部分);有能对被控电路实现“通”、“断”控制的执行机构(输出部分);在继电器的输入部分和输出部分之间,还有对输入量进行耦合隔离,功能处理和对输出部分进行驱动的中间机构(驱动部分)。

作为控制元件,概括起来,继电器有如下几种作用:

① 扩大控制范围。例如,多触点继电器控制信号达到某一定值时,可以按触点组的不同形式,同时换接、开断、接通多路电路。

② 放大。例如,灵敏型继电器、中间继电器等,用一个很微小的控制量,可以控制很大功率的电路。

③ 综合信号。例如,当多个控制信号按规定的形式输入多绕组继电器时,经过比较综合,达到预定的控制效果。

④ 自动、遥控、监测。例如,自动装置上的继电器与其他电器一起,可以组成程序控制线路,从而实现自动化运行。

(6) 不间断电源(UPS)

可以保障计算机系统在停电之后继续工作一段时间以便用户能够紧急存盘,不致因停电而影响工作或丢失数据。它在计算机系统和网络应用中,主要起到两个作用:一是应急使用,防止突然断电而影响正常工作,给计算机造成损害;二是消除市电上的电涌、瞬间高电压、瞬间低电压、电线噪声和频率偏移等“电源污染”,改善电源质量,为计算机系统提供高质量的电源。

(7) 整流器

整流器是一个整流装置,简单地说就是将交流(AC)转化为直流(DC)的装置。它有两个主要功能:第一,将交流电(AC)变成直流电(DC),经滤波后供给负载,或者供给逆变器;第二,给蓄电池提供充电电压。因此,它同时又起到一个充电器的作用。

(8) 逆变器

通俗地讲,逆变器是一种将直流电(DC)转化为交流电(AC)的装置。它由逆变桥、控制逻辑和滤波电路组成。

第三节　导体与绝缘体

善于传导电流的物质称为导体，不善于传导电流的物质称为绝缘体。

一、导体

导体中存在大量可以自由移动的带电物质微粒，称为载流子。在外电场作用下，载流子作定向运动，形成了明显的电流。金属是最常见的一类导体，金属原子最外层的价电子很容易挣脱原子核的束缚，而成为自由电子，留下的正离子(原子实)形成规则的点阵。金属中自由电子的浓度很大，约为 10^{22} 每立方厘米，所以金属导体的电导率通常比其他导体材料的大。金属导体的电阻率约为 10^{-8}～10^{-6} Ω·m，且一般随温度降低而减小。在极低温度下，某些金属与合金的电阻率将消失而转化为"超导体"。

电解质的水溶液及熔融电解质也是导体，其中的载流子是正负离子。实验发现，大部分纯液体虽然也能离解，但离解程度很小，所以并不是导体。例如纯水，其电阻率高达 10^4 Ω·m。但是，如果在纯水中加入电解质，其离子浓度将大为增加，从而使电阻率大为降低(约 10^{-1} Ω·m)，便成为导体。电解液的电阻率比金属大得多，这不仅是因为电解液中离子浓度比金属中自由电子浓度小，而且因为其离子与周围媒质的作用力较大，使它在外电场中的迁移率小得多。电解液在通电过程中伴随着化学变化，因此，它常应用于电化学工业(如电解提纯、电镀等)，并把它称为"第二类导体"，而把导电过程中不引起化学变化，也没有显著物质转移的导体，如金属，称为"第一类导体"。

电离的气体也能导电(气体导电)，其中的载流子是电子和正负离子。在通常情况下，气体是良好的绝缘体。但是如果借助于外界原因(如加热，用 X 射线、γ 射线或紫外线照射)，可使气体分子离解，因而电离的气体便成为导体。电离气体的导电性与外加电压有很大的关系，且常伴有发声、发光等物理过程。电离气体常应用于电光源制造工业。

二、绝缘体

电的绝缘体又称为电介质。它们的电阻率极高，约为 10^8～10^{20} Ω·m，比金属的电阻率大 10^{14} 倍以上。绝缘体的种类很多，有固体，如塑料、橡胶、玻璃、陶瓷、云母、绝缘漆、绝缘纸等；有液体，如各种天然矿物油、硅油、三氯联苯等；有气体，如空气、氮、二氧化碳、六氟化硫等。固态绝缘体广泛应用于导线和电工设备的绝缘；作为电容器极板间的填充材料，以增加它的电容值。潮湿气体会大大减小绝缘体的电阻率，但大部分绝缘体具有防湿能力。液态绝缘体主要应用于大功率断路器、变压器及某些电缆等电工设备中，这时不仅利用其电绝缘作用，而且还利用液体对流所起的散热作用。

绝缘体在某些外界条件(如加热、加高压等)影响下，会被"击穿"，而转化为导体。在未被击穿之前，绝缘体也不是绝对不导电的物体。如果在绝缘材料两端施加电压，材料中将会出现微弱的电流。绝缘材料中通常只有微量的自由电子，在未被击穿前参加导电的带电粒子主要是本征离子和杂质离子。本征离子是由于热运动而离解出来的离子，杂质离子是由于杂质离解产生的。绝缘体或电介质的主要电学性质反映在电导、极化、损耗和击穿等过程中。

三、半导体

现今通常把例如锗(Ge)、硅(Si)等一类导体称为半导体。这类导体的电阻率介乎金属与绝缘体之间,且随温度的升高而迅速减小。这类材料中存在一定量的自由电子和空穴,后者可看作带有正电荷的载流子。与金属或电解液的情况不同,半导体中杂质的含量以及外界条件的改变(如光照、温度、压强的改变等),都会使它的导电性能发生显著变化。由于这些特点,半导体在实际中有着非常广泛的应用。固体物质所以能够区分为导体、半导体或绝缘体,可以从能带理论得到解释。

第四节　电气安全知识

一、危险的电流强度

由于人体的感觉器官对电流的存在感觉不出来,因此,电流对人体的危害特别危险。电流对人体产生危害作用主要表现在三个方面。

(1) 热作用:当电流通过人体时,会产生热量,于是,在电流流经的地方会引起烧伤;

(2) 化学作用:直接电流流经人体时,体内会有液体将被电解破坏;

(3) 生理作用:电流通过人体,作用于神经系统,当电流强度达到一定值时,就会引起肌肉痉挛。特别是交流电,会加速心脏跳动,直至心室颤动,最终停止跳动。

电流不是任何强度都对人体有危害的。我们知道,流经导体的电流取决于电阻的大小,而人体电阻是随着皮肤的湿润情况、接触面积的大小和电流在人体内流动的长度而变化的。人体皮肤对电流有一定的电阻,当电压为 50 V 时,它就会被击穿。当电压为 500～700 V 时,人体的电阻为 1 000 Ω,此时流经人体的电流为 0.5 A,会造成人体死亡。

根据对触电事故的调查分析,危险电流强度可分为以下 4 个范围。

(1) 当电流强度为 2～25 mA 流经人体时,人表现为轻微的烦躁不安,肌肉痉挛,呼吸异常,在一定情况下还会失去知觉;

(2) 当电流强度为 25～80 mA 流经人体时,心房颤动,脑部缺氧,约 4 分钟后,脑细胞死亡;

(3) 当电流强度为 80～5 000 mA 流经人体时,经 0.1 秒后,心室颤动,心脏停止跳动,造成死亡;

(4) 当电流强度超过 5 A 时,会造成严重烧伤,心脏停止跳动,经过几天或一段时间,发生死亡。

若人体的平均电阻为 1 300 Ω,电压为 65 V 时,则电流强度为 50 mA。当 50 mA 的电流流经人体时,就会使人致死。因此,从 65 V 的电压开始,就必须采取安全措施。

二、触电事故种类和方式

1. 触电事故种类

(1) 电击

电击是电流对人体内部组织的伤害,是最危险的一种伤害,绝大多数(大约 85%以上)

的触电死亡事故都是由电击造成的。

电击可分为直接接触电击和间接接触电击 。

(2) 电伤

电伤是由电流的热效应、化学效应、机械效应等效应对人造成的伤害。

电伤包括:电烧伤,是电流的热效应;皮肤金属化;电烙印;机械性损伤;电光眼。

2. 触电方式

(1) 单相触电

当人体直接碰触带电设备其中的一相时,电流通过人体流入大地,这种触电现象称为单相触电。

(2) 两相触电

人体同时接触带电设备或线路中的两相导体,或在高压系统中,人体同时接近不同相的两相带电体,而发生电弧放电,电流从一相导体通过人体流入另一相导体构成一个闭合回路,这种触电现象称为两相触电。

(3) 跨步电压触电

当电气设备发生接地故障时,接地电流通过接地体向大地流散,在地面上形成电位分布时,若人在接地短路点周围行走,其两脚之间的电位差就是跨步电压。由跨步电压引起的人体触电称为跨步电压触电。

三、防止触电及触电急救

触电是指人在非正常情况下,接触或过分靠近带电体而造成的电流对人体的伤害。造成触电的原因,有以下四种。

(1) 人体接触裸露的带电体或过分接近带电体;

(2) 电线外皮(绝缘材料)老化或受损,使得电气线路外皮带电;

(3) 不懂或缺乏电气安全知识,没有严格执行电气安全技术规程或违反操作;

(4) 正常时不带电,仅在事故情况下带电而造成触电。

触电不仅影响到生产,而且危及生命安全,所以必须采取有效的措施。

1. 防止触电的措施

(1) 提高电气设备的完好率,加强绝缘。电气设备的带电体周围或对地之间总要用绝缘物质隔开。这样,既可确保电气设备的正常运行,又可确保人身安全。如果电气设备不完好,绝缘状态不好,就有漏电可能,人一旦触及设备,便会造成触电事故。因此,必须加强电气设备的维修、保护和检查测定工作,发现不安全因素,应及时消除。

(2) 使用安全电压。在易燃易爆的危险厂房内的照明灯,以及手电灯等都应采用安全电压。这是用于小型电气设备或小容量电气线路的安全措施。根据欧姆定律,电压越大,电流也就越大。因此,如果把可能加在人身上的电压限制在某一范围内,使得在这种电压下,通过人体的电流不超过允许范围,这一电压就叫做安全电压。安全电压的工频有效值不超过 50 V,直流不超过 120 V。我国规定工频有效值的等级为 42 V、36 V、24 V、12 V 和 6 V。

(3) 采用联锁装置和防护装置。电气设备不可能全部采用安全电压,因此,对于那些功率高、电压大的设备,应采用联锁装置和防护装置。

(4) 保护接地与保护接零。保护接地就是将电气设备,在正常情况下不带电的金属部分与接地体之间作良好的金属连接,以保护人体的安全。其目的是防止因绝缘损坏而遭到触电的危险。保护接地一般应在中性点不接地的电气系统中,即所谓三相三线制系统中。

接零就是电气设备的任何部分与零线作良好的电气连接。保护接零是将电气设备在正常情况下,不带电的金属部分与系统中的零线作良好的金属连接,以避免人体遭受到触电的危险。保护接零应用在中性点接地的电气系统中,即三相四线制系统中。

(5) 建立健全规章制度,树立安全思想和严肃认真的工作态度,这是确保电气安全的一项重要措施。根据工种的不同,应建立不同的规章制度。如安全教育制度、工作岗位责任制度、设备维护检修制度、安全操作规程等。这些规章制度是保障安全、促进生产的有效手段。根据许多触电事故调查分析,其中规章制度不健全,或有章不循,违反安全用电规程和思想麻痹大意,工作责任心不强,是造成人身触电的一个重要原因。

(6) 正确地使用防护工具。不论在正常工作情况,还是在特殊情况,都必须按规定正确使用相应的个人防护用具。如绝缘靴、绝缘手套、绝缘钳和验电笔等。

2. 防止触电注意事项

(1) 不得随便乱动或私自修理车间内的电气设备。

(2) 经常接触和使用的配电箱、配电板、闸刀开关、按钮开头、插座、插销以及导线等,必须保持完好,不得有破损或将带电部分裸露。

(3) 不得用铜丝等代替保险丝,并保持闸刀开关、磁力开关等盖面完整,以防短路时发生电弧或保险丝熔断飞溅伤人。

(4) 经常检查电气设备的保护接地、接零装置,保证连接牢固。

(5) 在移动电风扇、照明灯、电焊机等电气设备时,必须先切断电源,并保护好导线,以免磨损或拉断。

(6) 在使用手电钻、电砂轮等手持电动工具时,必须安装漏电保护器,工具外壳要进行防护性接地或接零,并要防止移动工具时,导线被拉断,操作时应戴好绝缘手套并站在绝缘板上。

(7) 在雷雨天,不要走进高压电杆、铁塔、避雷针的接地导线周围 20 m 内。当遇到高压线断落时,周围 10 m 之内,禁止人员进入;若已经在 10 m 范围之内,应单足或并足跳出危险区。

(8) 对设备进行维修时,一定要切断电源,并在明显处放置“禁止合闸,有人工作”的警示牌。

3. 触电急救

人触电后会出现神经麻痹、呼吸中断、心脏停止跳动等症状,呈现昏迷不醒的状态。这是一种假死状态,应立即急救。

急救的关键是使触电者尽快地脱离电源。当人触电时,如果通过人体电流超过允许值,则人已不能自行摆脱电源。这时必须有第二者迅速采取措施,使触电者迅速脱离电源。

(1) 低压触电　当发现有人在低压(对地电压为 250 V 以下)线路触电时,可采用下面方法进行急救。

① 拉开电源开关,切断电源。此点必须在触电地点附近有开关或有插座才行;

② 切断电线，断开电源。用绝缘性良好的工具，如带绝缘柄的电工钳子或干木柄斧头，在触电电源侧割断电线，使电源消失，触电者脱离电源。注意割断电线时应一根一根地断，否则会产生短路事故；

③ 抢救者必须带上绝缘手套和胶皮鞋。一时没有，可用干燥的衣服、手套、绳索、木板、木棒等绝缘物作工具，拉开触电者或者挑开电线。也可拉触电者的干衣服，切不可触及触电者的皮肤；

④ 隔断电流通路。如果触电者触及一相电源，是因为鞋子不绝缘造成触电。则可以采用绝缘板或干木板垫在触电者脚下或身下，使其电流通路断开。然后迅速停电。

(2) 高压线路触电　高压线路因电压高，救护人员不能随便去接近触电者，必须慎重采取抢救措施。

① 立即通知有关部门停电；

② 带上绝缘手套，穿上绝缘靴，用相应电压等级的绝缘工具拉开开关；

③ 抛掷裸金属线使线路之间短路，迫使保护装置动作而断电。抛前应先将金属线一端接地。在触电者的电源侧并与触电者之间的距离不应小于 5 m。

触电者脱离电源后，如果没有停止呼吸，将患者拉到空气流通的场所，仰卧并解开衣服，如领子、腰带、裤带等，用软的衣服垫在身下，头部比肩稍低，以免妨碍呼吸，同时用棉花沾些氨水放在鼻孔下面，用凉毛巾摩擦全身，使触电者尽快恢复知觉。如果触电者已经停止呼吸，应立即进行人工呼吸，当地有大夫的应立即就地诊治，切不要轻易地送往较远的地方去治疗，以免耽误时间。

在进行急救过程中，应注意以下几点事项。

① 上述方法应根据实际情况选择使用，因地制宜，处理事故要果断、迅速；

② 严防救护人再次触电；

③ 防止触电者脱离电源后发生二次事故，如摔伤、坠落、碰伤等；

④ 迅速组织现场急救，立即通知医院、安全部门等。

四、电气防火防爆

火灾及爆炸的形成条件是火源。明火、火花均属火源。在电气线路和设备上，经常会有电火花或电弧产生，这不仅在事故发生的情况下，就是在正常运行时也会发生。所以电气防火防爆尤为重要。

1. 电气火灾、爆炸的原因

电气引起火灾或爆炸，无非是由于电气设备过热或产生了电火花、电弧。

(1) 电气设备过热　设备运行时总是要放热的。当电流通过电气设备及导体时，要消耗电能，这部分电能以热的形式消耗在使导体本身温度升高，加热周围其他物质和材料(如绝缘材料等)。此外，交流电流的交变磁场也可在磁性材料中产生热量。绝缘材料绝缘老化后，也会消耗电能使绝缘物质温度升高等。

电气设备本身的温升是有规定的，这与绝缘材料允许温升有关。不同的绝缘材料，允许温升是不同的，当温升超过其允许温升后，每超过八度，绝缘材料的老化速度加快一倍，即寿命降低一半。这就是电气上的所谓八度定律。

当温度大大超过绝缘物质的允许温升时，不仅会加速绝缘材料的老化，还会引起绝缘材料的燃烧,这是十分危险的。

引起电气设备过热的原因可以分以下几方面。

① 短路。相线与零线之间或相线之间造成金属性接触即为短路。发生短路时,线路中电流增加为正常时的几倍乃至几十倍,于是温度急剧升高,引起绝缘材料的燃烧而产生火灾。

② 过载。电气线路或设备所通过的电流值超过其允许的数值(额定电流或允许通过电流)。过载时,同样可以引起绝缘的燃烧,造成火灾事故或烧毁电气设备。

③ 接触不良。电气线路或设备上常有连接部分或接触部分,连接部分多用焊接和螺栓连接,螺栓一旦松动,则会导致连接部分接触电阻增加而导致接头过热。

④ 铁芯发热。电气设备的铁芯为必备部件,由于磁滞和涡流损耗而发热。正常时,其发热量不足以引起高温,只有当铁芯绝缘损坏或设计不合理时,其热损增加而产生高温。

⑤ 散热不良。电气设备温升不只和发热量有关,也和散热条件好坏有关。如果电气设备散热措施受到损失,同样会造成设备过热,如电机缺少风翅、油浸设备缺油等。

(2) 电火花和电弧 电火花是电板间的击穿放电。电弧是大量火花的汇集。一般电火花的温度都很高,特别是电弧,温度可达 6 273 K。因此,电火花和电弧不仅能引起绝缘物质的燃烧,而且也可引起金属熔化、飞溅,这是火灾、爆炸的火源。

电火花可分为工作火花和事故火花。工作火花是指电气设备正常工作时或正常操作过程中产生的火花。如直流电流电刷与整流片接触处,开关或接触器触头开合时的火花等。事故火花是线路或设备发生故障时出现的火花。如发生短路或接地时产生的火花,绝缘损坏或保险丝熔断时出现的闪光等。

2. 防爆电气设备的类型及标志

电气设备经常出现的火花、电弧及过热现象,易燃、易爆物质对于化工生产是很危险的。为了避免事故的发生,应采用防爆电气设备。目前防爆电气设备按其结构和防爆性能的不同,可分为六种类型:

(1) 防爆安全型(标志为 A) 防爆安全型是指正常运行时不产生火花、电弧或危险温度,并在其上采取适当措施,以提高安全性能的电气设备。

(2) 防爆充油型(标志为 C) 防爆充油型是将可能产生火花、电弧或危险温度的带电部件浸在油中,使其不引起油面上爆炸性混合物爆炸的电气设备。

(3) 隔爆型(标志为 B) 隔爆型是指在设备内部发生爆炸性混合物爆炸时,不引起外部爆炸性混合物爆炸的电气设备。

(4) 防爆通风充气型(标志为 F) 防爆通风充气型是指向外壳内通入正压新鲜空气或惰性气体,以阻止外部爆炸性混合物进人外壳内部的电气设备。

(5) 防爆安全火花型(标志为 H) 防爆安全火花型是指电路系统中,在正常或故障情况下产生的电火花,都不致引起爆炸性混合物爆炸的电气设备。

(6) 防爆特殊型(标志为 T) 防爆特殊型是指结构上不属于上述各种类型规定,采取其他防爆措施的电气设备。

防爆电气设备的类型、原理虽不同,但均围绕形成爆炸的两个必要条件采取措施,使得两个条件不同时具备。隔爆型是允许爆炸性混合物在器壳内爆炸,但不外传;防爆充油型和通风型,同样允许产生火花,但用油层或空气将火花与外部爆炸性混合物隔开;防爆安全型是采取加强措施，尽量减少产生电火花、电弧或危险温度的机会；安全火花型则减少电火花能量，使之不足引起爆炸性混合物的爆炸。

防爆电气设备的类型标志，除在设备名牌上注明外，还在设备外壳的明显处有清晰的凸纹标志。在标志中除了标志其类型外，还标出适用的分级分组。标志的次序为：类型、级别、组别。

第十章　化学与化工知识

学习目标：通过学习掌握化学反应速率和化学平衡、溶液知识、沉淀反应与氧化还原反应、流体的基本性质等知识。熟悉流体流动过程中的能量衡算-柏努利方程。

第一节　化学反应速率和化学平衡

一、化学反应速率

1. 化学反应速率

在自然界中，各种化学反应进行的快慢差别很大。有的反应进行得快，如火药爆炸、燃烧、酸碱中和反应等。有的反应进行得很慢，如钢铁生锈、岩石风化等。可见化学反应是有一定的速率的。化学反应中单位时间、单位体积内反应物或生成物数量的变化称为化学反应速率，它是衡量化学反应快慢的物理量。

2. 化学反应速率的表示方法

在化学反应中，反应物的减少或生成物的增加是按化学反应方程式表示的定量关系进行的，例如：

$$N_2+3H_2=2NH_3$$

反应式的定量关系表明，N_2和 H_2是按 1∶3 的定量关系进行化学反应的，N_2和 NH_3是按 1∶2 的定量关系进行转化的。每生成 1 mol 的 NH_3，需要消耗 3/2 mol 的 H_2和 1/2 mol 的 N_2。因此，在同一反应中，由于用不同物质的浓度变化来表示的速率，其数值可能是不同的。

人们经过长期大量的实验，总结出了反应速率与反应物浓度的定量关系式。在恒温条件中一步就能完成的简单反应，如 $a\ \mathrm{A}+b\ \mathrm{B}=c\ \mathrm{C}$，反应速率与反应物浓度之间存在以下的关系：

$$V=K[\mathrm{A}]^a[\mathrm{B}]^b$$

式中，V 为反应速率，K 为反应速率常数。反应速率常数只随温度变化而变化，与浓度无关，K 值可在化学手册中找到。

3. 影响化学反应速率的因素

(1) 浓度对化学反应速率的影响

大量实验证明，当其他条件不变时，增加反应物的浓度，可以增大反应速率；减少反应物浓度，可以减小反应速率。这是因为，浓度越大，单位体积里参加反应的物质分子数目越多，在单位时间内发生的有效碰撞次数越多，反应速率就越快。反之反应速率就越小。

(2) 浓度对反应速率的影响

大量实验证明，当其他条件不变时，升高温度，化学反应速率增大；降低温度，化学反应速率减慢。这是因为升高温度,使分子的热运动速率加快,从而增加分子之间的碰撞次数,使反应速率加快。同时由于升高温度使某些分子的能量增大,提高了分子之间的有效碰撞次数,致使反应速率也增大。大量实验表明,温度每升高 10 K,反应速率通常增大 2～4 倍。

(3) 催化剂对化学反应速率的影响

催化剂就是在化学反应里能改变其他物质的化学反应速率,而本身的质量和化学性质在化学反应前后没有变化的物质。能加快化学反应速率的催化剂称为正催化剂,减慢化学反应速率的催化剂称为负催化剂。大多数化学反应应用的都是正催化剂。

催化剂能极大的加快反应速率,有的甚至可以提高成千上万倍,这主要是因为催化剂改变反应的历程,使反应速率加快。

二、化学平衡

1. 可逆反应

在相同条件下,即能向正反应方向进行,同时又能向逆反应方向进行的反应称为可逆反应。如氮气和氢气反应生成氨气的反应。

绝大多数的化学反应都有一定的可逆性,但有的逆反应倾向比较弱,从整体上看反应实际上是朝一个方向进行。例如氯化银的沉淀反应。还有些反应在进行时,逆反应发生的条件尚未具备,反应物既已耗尽,如二氧化锰作为催化剂的氯酸钾受热放氧气的反应。这些反应习惯上称作不可逆反应。

2. 化学平衡

化学平衡是针对可逆反应来说的,如果外界条件不发生变化,可逆反应进行到一定程度的时候,正反应和逆反应的速率相等,反应物和生成物的浓度不再发生变化,这时反应物和生成物的混合物质就处于化学平衡状态。

如果条件不改变,这种状态可以维持下去,外表看起来好像已经停止,实际上正逆反应都在进行,只不过是他们的速率相等,方向相反,两个反应的结果相互抵消,使整个体系处于动态平衡。

化学平衡状态有以下几个特点:

① 只有在恒温状态下,封闭体系中进行的可逆反应才能建立化学平衡,这是建立平衡的前提。

② 正逆反应速率相等是平衡建立的条件。

③ 平衡状态是封闭体系中可逆反应进行的最大限度,达到平衡后各物质浓度都不再随时间变化。

④ 化学反应是有条件的平衡,当这种条件改变时,正逆反应的速率发生变化,原有的平衡将受到破坏,直到建立新的动态平衡。

在一定温度下,化学反应达到平衡时,如,$a\text{ A}+b\text{ B}=c\text{ C}+d\text{ D}$,反应物与生成物的平衡浓度间的关系是:

$$([\text{C}]^c[\text{D}]^d)/([\text{A}]^a[\text{B}]^b)=\text{常数}=K_c$$

K_c称为浓度平衡常数。上式表示:可逆反应在一定温度达到平衡时,生成物浓度系数此方的乘积与反应物浓度系数次方的乘积之比是一个常数。

平衡常数和物质的初始浓度无关,并且与反应从正反应开始还是从逆反应开始也无关,只与温度有关。在一定温度下,对指定的反应,平衡常数是一个固定常数。

第二节 溶 液

一、溶液的概念

溶液、悬浊液、乳浊液都是一种物质(或几种物质)的微粒分散到另一种物质里形成的混合物。这种混合物叫做分散系。分散成微粒的物质叫做分散质,微粒分散在其中的物质叫分散剂。对溶液来说,溶质是分散质,溶剂是分散剂,溶液是一种分散系。悬浊液和乳浊液也各是一种分散系,其中的固体小颗粒或小液滴是分散质。溶液是由溶剂和溶质组成的,一般把量多的一种叫作溶剂,量少的一种叫做溶质。当溶液中有水存在时,不论水量的多少,我们都习惯把水叫做溶剂。通常不指明溶剂的溶液,一般指的是水溶液。

二、溶解与结晶

溶解是指固体物质表面的粒子通过扩散作用均匀的分散在整个溶液中的过程。结晶是指从溶液中析出固体溶质的过程。

溶解和结晶是溶解过程中相互矛盾的两个方面。刚开始时,溶解速度大于结晶速度,溶解过程表现为溶质不断溶解。随着溶解的进行,溶液里的溶质粒子不断增多,结晶速度逐渐增大,当两种速度相等时,两个过程达到平衡。这时表面看起来没什么变化,实际上两个过程仍在进行。所以溶解平衡也是一个动态平衡。

加速溶解的方法一般有两种,一种是搅拌,一种是加热。

三、溶液的浓度

1. 质量分数

溶质 B 的质量分数是溶质 B 的质量与溶液的质量之比,符号为 w_B,表达式为:

$$w_B = m_B / m$$

式中:

w_B——溶质 B 的质量分数,%;

m_B——溶质 B 的质量,g;

m——溶剂的质量,g。

2. 质量浓度

用 B 的质量除以混合物的体积,就得到 B 的质量浓度,其表达式如下:

$$P_B = m_B / V$$

式中:

P_B——溶质 B 的质量浓度,g/L;

m_B—— 溶质 B 的质量,g;

m—— 混合物的体积,L。

3. 体积分数

体积分数一般表示气体中各种物质的含量。物质 B 的体积分数是指 B 的体积与混合物的体积之比,表达式为:

$$T_B = V_B / V$$

式中:

T_B——气体 B 的体积分数;

V_B——气体 B 的体积,L;

V—— 混合气体的体积,L。

4. 物质的量浓度

物质 B 的物质的量除以混合物的体积,叫 B 的物质的量浓度,习惯上称作摩尔浓度。其表达式为:

$$c_B = n_B / V$$

式中:

c_B——B 的物质的量浓度,mol/m^3 或 mol/L;

n_B—— 溶质 B 的物质的量,mol;

V—— 混合物的体积,m^3 或 L。

第三节 沉淀反应与氧化还原反应

一、沉淀反应

许多化学反应都是在水溶液中进行的,有的生成物在水溶液中以沉淀的形式析出,我们把生成沉淀的反应叫沉淀反应。

1. 沉淀-溶解平衡

任何难溶物质,在水中或多或少总是要溶解的,绝对不溶的物质是不存在的。因此,任何难溶物质在水中都有一个溶解与沉淀之间的平衡关系。沉淀平衡也是一个动态平衡,与化学平衡一样,也服从化学平衡规律。平衡时的溶液是饱和溶液。由于沉淀平衡是固体与溶液中离子之间建立的一种平衡,所以浓度和压力对沉淀平衡没什么影响,影响沉淀平衡的主要因素是温度。

2. 溶度积

$$AgCl(s) \Leftrightarrow Ag^+ + Cl^-$$

在一定温度下,当上述反应达到平衡时,其平衡常数表达式为

$$K = ([Ag^+][Cl^-]) / [AgCl]$$

温度一定,K 一定,固体 AgCl 的浓度也看作常数,这两项的乘积可以用 K_{sp} 表示,则

$$K_{sp} = [Ag^+][Cl^-]$$

式中,$[Ag^+]$、$[Cl^-]$为饱和溶液中的 Ag^+ 和 Cl^- 浓度(mol/L),K_{sp} 叫做难溶电解质的溶度积常数,简称溶度积。

对于任一难溶电解质 A_mB_n,溶度积的一般关系式为

$$A_mB_n(s)=mA^{n+}+nB^{m-}$$
$$K_{sp}=[A^{n+}]^m[B^{m-}]^n$$

一定温度下，在难溶电解质的饱和溶液中，相应离子浓度的系数次方之积为一常数，叫溶度积常数。溶度积常数的大小与难溶物质的溶解度有关，它反应了难溶电解质的溶解能力。

二、氧化还原反应

在最初的概念中，物质与氧反应生成氧化物的过程叫氧化反应，含氧物质的氧被夺取的反应叫还原反应。这两个过程如果在同一个反应中同时发生，这样的反应称为氧化还原反应。

后来，化学家们在更深的层次上对氧化还原反应有了认识，将氧化还原反应的定义做了扩展。凡是反应中反应物之间有电子转移的化学反应，都称为氧化还原反应。就是说反应的元素或离子化合价在反应前后有变化，我们把反应中得到电子的物质称为氧化剂，失去电子的物质称为还原剂。还原剂本身被氧化，其化合价升高，氧化剂本身被还原，其化合价降低。

例如，在锌和硫酸反应生成硫酸锌和氢气的反应中，锌是还原剂，硫酸是氧化剂。

$$Zn+H_2SO_4=ZnSO_4+H_2$$

常见的氧化剂都是一些活泼的非金属和含有高价态的化合物，因为这些物质在氧化还原反应中易得电子，如氯、溴、碘、氧、高锰酸钾、高氯酸钾、硫酸、硝酸等。

常见的还原剂都是一些活泼的金属和含有低价态元素的化合物，因为这些物质在氧化还原反应中都易失去电子。如锌、镁、钠、铁、氢、硫化氢、亚硫酸钠、亚硝酸钠等。

第四节　流体的基本性质

一、基本概念

1. 密度

单位体积流体所具有的质量称为流体的密度，表达式为：

$$\rho=m/V$$

流体的密度随温度和压力的变化而变化。压力对液体的密度影响很小，故常将液体称为不可压缩流体。气体具有可压缩性及热膨胀性，其密度随压力和温度有较大的变化。在温度不太低和压力不太高时，气体密度近似用理想气体状态方程计算，即：

$$\rho=pM/RT$$

2. 比体积

单位质量流体所具有的体积称为流体的比体积，以 ν 表示，它与流体的密度互为倒数，即

$$\nu=1/\rho$$

3. 压力

压力流体垂直作用于单位面积上的力称为压力，又称为流体的压力或压强，表达式为：

$$P=F/A$$

压力的单位 Pa (pascal,帕),即 $N\cdot m^2$。习惯使用的压力单位,标准大气压(atm)、工程大气压($kgf\cdot cm^{-2}$,记为 at)、毫米汞柱(mmHg)和米水柱(mH_2O)等,换算关系:

$1\ atm = 760\ mmHg = 1.013\ 25\times10^5 Pa = 10.33\ mH_2O = 1.033\ kgf\cdot cm^{-2}$

压力有两种不同的表达方式。一是绝对压力,即以绝对零压为起点而计量的压力;另一是表压或真空度,即以大气压力为基准而计量的压力,当被测容器的压力高于大气压时,所测压力称为表压,当测容器的压力低于大气压时(工程上称为负压),所测压力称为真空度。压力的换算关系:

表压=绝对压力-大气压力

真空度=大气压力-绝对压力

图 10-1 所示为绝对压力、表压及真空度的关系。

大气压力不是固定不变的,随着大气温度、湿度以及所在地区的海拔高度的变化而变化。为了避免绝对表压力和真空度混淆,对表压力和真空度均应加以标注。

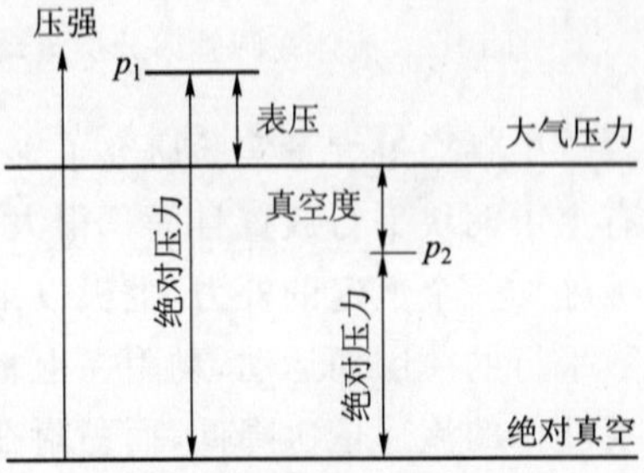

图 10-1 绝对压力、表压和真空度的关系

4. 流量和流速

单位时间内流体流经管道任一截面的流体量,称为流体的流量。若流体量用体积来计量,称为体积流量,以符号 q_v 表示,单位为 $m^3\cdot s$;若流体量用质量来计量,则称为质量流量,以符号 q_m 表示,其单位为 $kg\cdot s^{-1}$。若流体量用物质的量表示,称为摩尔流量,以符号 q_n 表示,其单位为 $mol\cdot s^{-1}$。

体积流量和质量流量的关系为

$$q_m=\rho q_v$$

质量流量与摩尔流量的关系为

$$q_m=Mq_n$$

单位时间内,流体在管道内沿流动方向所流过的距离,称为流体的流速,以 u 表示,单位为 $m\cdot s^{-1}$。由于流体本身的黏滞性以及流体与管壁之间存在摩擦力,所以流体在管道内同一截面上各点的流速是不相同的。管道中心流速最大,离管中心越远,流速越小,在紧靠管壁处,流速为零。流速是指流道整个截面上的平均流速,以流体的体积流量除以管路的截面积所得的值表示:

$$u=q_v/S$$

气体的体积流量随温度和压力而变化,气体的流速亦随之而变,但质量并不变化。质量流速的定义是单位时间内流体流经管路单位截面积的质量,以 w 表示,单位为 $kg\cdot s^{-1}\cdot m^{-2}$。

表达式为:

$$w=q_m/S$$

流速和质量流速两者之间的关系:

$$w=\rho u$$

工业上流速范围大致为:液体 $1.5\sim3.0\ m\cdot s^{-1}$,高黏度液体 $0.5\sim1.0\ m\cdot s^{-1}$,;气体 $10\sim20\ m\cdot s^{-1}$,高压气体 $15\sim25\ m\cdot s^{-1}$;饱和水蒸气 $20\sim40\ m\cdot s^{-1}$,过热水蒸气 $30\sim50\ m\cdot s^{-1}$。

5. 黏度

黏性是流体内部摩擦力的表现，黏度是衡量流体黏性大小的物理量，是流体的重要参数之一。流体的黏度越大，其流动性就越小。由于流体本身黏性及其与管壁间存在摩擦力，使流体在管道截面上形成流速分布。流体在圆管内的流动，可以看成分割成无数极薄的圆筒层，其中一层套着一层，各层以不同的速度向前流动，如图10-2所示，运动的流体内部相邻两流体层间的相互作用，便是流体的内摩擦力。

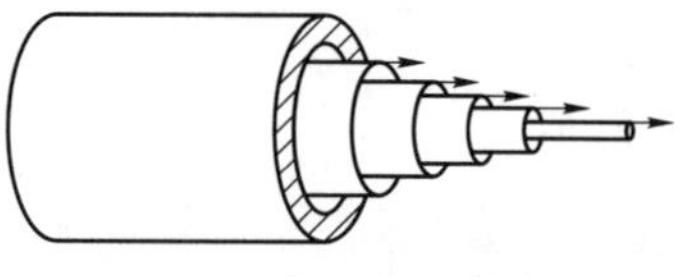

图10-2　流体在圆管内分层流动示意图

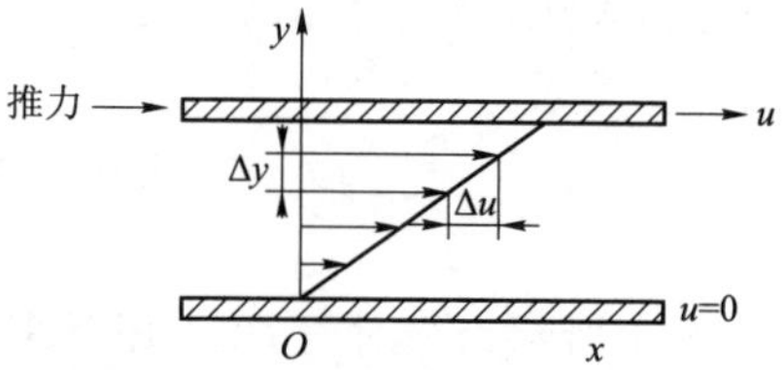

图10-3　剪切应力与速度梯度

牛顿通过大量实验研究了影响流体流动时的内摩擦力大小的因素。如图10-3所示，设有上下两块平行放置且面积很大而相距很近的平板，板间充满某种液体。将下板固定，对上板施加一个恒定的外力，上板以某一恒定速度 u 沿着 x 方向运动。两板间的液体会分为无数平行的薄层而运动，黏附在上板底面的一薄层液体也以速度 u 随着上板而运动，其下各层液体的流速依次降低，而黏附在下板上表面的液层流速为零。

实验证明，对于一定的液体，内摩擦力 F 与两流体层间的速度差 Δu 呈正比，与两层间的接触面积A呈正比，而与两层间的垂直距离绮呈反比，即：

$$F \propto (\Delta u/\Delta y)A$$

引入比例系数 μ，则

$$F=\mu(\Delta u/\Delta y)A$$

内摩擦力 F 的方向与作用面平行。单位面积上的内摩擦力称为内摩擦应力或剪应力，以 τ 表示，则有：

$$\tau=F/A=\mu(\Delta u/\Delta y)$$

上式只适用于 u 与 y 呈直线关系的场合。当流体在管内流动时，径向速度的变化并不是直线关系，而是曲线关系，则有：

$$\tau=\mu(\mathrm{d}u/\mathrm{d}y)$$

式中：

$\mathrm{d}u/\mathrm{d}y$——与流动方向相垂直的 y 方向上流体速度的变化率；

μ——比例系数，亦称为黏性系数，简称黏度，黏度单位为：$\mathrm{N\cdot s\cdot m^{-2}}$ 或 $\mathrm{Pa\cdot s}$。

上式称为牛顿黏性定律。凡符合牛顿黏性定律的流体称为牛顿型流体，所有气体和大多数液体都属于牛顿型流体。反之，为非牛顿型流体，如某些高分子溶液、胶体溶液及泥浆等。

液体的黏度随着温度的升高而减小，气体的黏度随着温度的升高而增加。压力变化时，液体的黏度基本上不变，气体的黏度随压力的增加而增加得很少。

工业上各种混合物黏度用实验的方法测定，缺乏数值时，可参考有关资料以选用适当的经验公式进行估算。

二、流体流动的基本规律

研究流体流动的基本规律是为了解决流体的输送问题。表征流体流动规律有连续性方程和伯努利方程。

1. 定态流动和非定态流动

流体在管道或设备中流动时，若在任一截面上流体的流速、压力、密度等有关物理量仅随位置而改变，但不随时间而改变，称为定态流动；只要有一项随时间而变化，则称为非定态流动。

2. 流体定态流动过程的物料衡算——连续性方程

当流体作定态流动时，根据质量作用定律，在没有物料累积和泄漏情况下，单位时间内通过流动系统任一截面的流体的质量应相等。

在图 10-4 所示的管路中，在任何一个截面上，有

$$q_m=\rho_1u_1S_1=\rho_2u_2S_2=\cdots=\text{常数}$$

对于不可压缩流体，ρ=常数，则

$$q_v=u_1S_1=u_2S_2=\cdots=\text{常数}$$

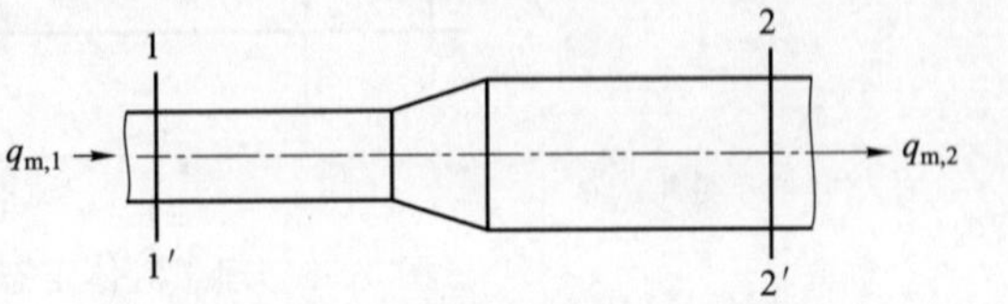

图 10-4 定态流动时流体流动的连续性

不可压缩流体不仅流经各截面的质量流量相等，它们的体积流量也相等。它反映在定态流动体系中，流量一定时，管路各截面上流体流速的变化规律。

三、流体定态流动过程的能量衡算——伯努利方程

流动体系的能量形式主要有：流体的动能、位能、静压能以及流体本身的内能。前三种又称为流体的机械能。

① 动能：流体以一定的流速流动时，便有一定的动能。质量为 m，流速为 u 的流体所具有的动能为 $mu^2/2$，单位为 kJ。

② 势能：流体因受重力的作用，在不同高度处具有不同的势能，其值相当于把质量为 m 的流体由基准水平面垂直举至某高度 z 处所做的功，即 mgz，单位为 kJ。

③ 静压能：静止流体内部任一处都存在一定的静压力，同样在流动着的流体内部任何位置也都一定的静压力。

如图 10-5 所示，在流体流动的管壁上开一个小孔，并垂直连接一根玻璃管，可以观察到液体在玻璃管内上升到一定高度。液柱的高度是运动着的流体在该截面处的静压力的大小。在流体体积不变的情况下，把流体引入压力系统所做的功，称为流动功。流体由于外界对它作流动功而具有的能量，称为静压能。静压能为：$ps\cdot V/s=pV=pm/\rho$，单位为 kJ。

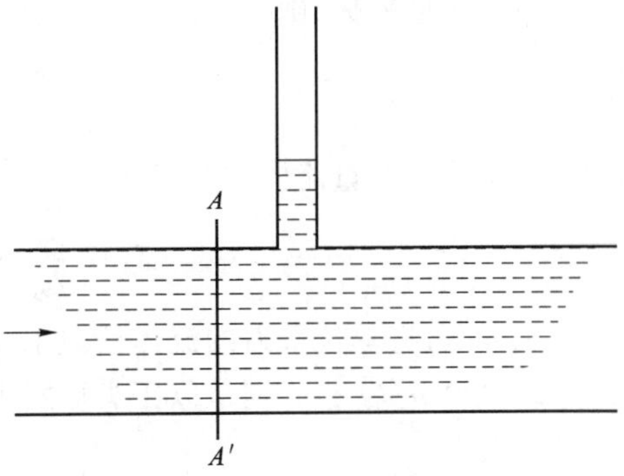

图 10-5 流体流动静压能

④ 内能：内能（又称热力学能）是流体内部大

量分子运动所具有的内动能和分子间相互作用力而形成的内位能的总和。其数值的大小随流体的温度和比容的变化而变化。以 U 表示单位质量的流体所具有的内能,则质量为 m 的流体的内能为 mU,单位 kJ。流体的流动过程实质上是流动体系中各种形式能量之间的转化过程。

(1) 理想流体流动过程的能量衡算

所谓理想流体是指在流动时内部没有内摩擦力存在的流体,即黏度为零。若过程中没有热量输入,其温度和内能没有变化,则理想流体流动时的能量恒算可以只考虑机械能之间的相互转换。

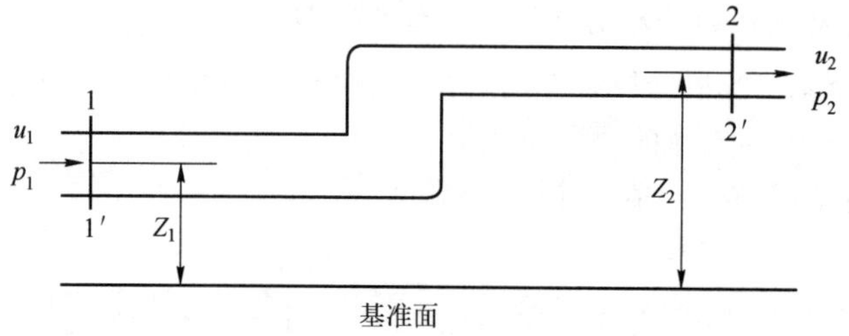

图 10-6　理想流体定态流动时能量衡算式的推导

如图 10-6 所示,设在单位时间内有质量为 m、密度为 ρ 的理想流体在导管中做定态流动,今在与流体流动的垂直方向上选取截面 1-1′和 2-2′截面,在两截面间进行能量衡算。

流体在截面 1-1′处的流速为 u_1、高度为 Z_1、压力为 p_1,则截面 1-1′的流体所具有的总机械能为该截面处流体的位能、动能及静压能之和,即

$$\sum E_{入} = mgZ_1 + mu_1^2/2 + p_1 m/\rho$$

流体在截面 2-2′处的流速为 u_2、离基准面的高度为 Z_2、压力为 p_2,则输出截面 2-2′的流体所具有的总机械能为该截面处流体的位能、动能及静压能之和,即

$$\sum E_{出} = mgZ_2 + mu_2^2/2 + p_2 m/\rho$$

根据能量守恒定律,没有外界能量输入,在截面 1-1′和截面 2-2′之间应符合:

$$\sum E_{入} = \sum E_{出}$$

即有

$$mgZ_1 + mu_1^2/2 + p_1 m/\rho = mgZ_2 + mu_2^2/2 + p_2 m/\rho$$

单位质量流体,则

$$gZ_1 + \frac{u_1^2}{2} + \frac{P_1}{\rho} = gZ_2 + \frac{u_2^2}{2} + \frac{P_2}{\rho}$$

对于单位重量流体,则

$$Z_1 + \frac{u_1^2}{2g} + \frac{p_1}{\rho g} = Z_2 + \frac{u_2^2}{2g} + \frac{p_2}{\rho g}$$

工程上,将单位重力的流体所具有的能量(单位为 $J \cdot N^{-1}$,即 m),称为“压头”,则 Z、$u^2/(2g)$和 $p/(\rho g)$分别是以压头形式表示的势能、动能和静压能,分别称为位压头、动压头和静压头。

上面的公式都是理想流体在定态流动时的能量衡算方程式,又称为伯努利方程

(Bernoulli equation)。理想流体在管道各截面上的每种能量并不一定相等，在流动时可相互转化，但其在管道任一截面上各项能量之和相等，即总能量(或总压头)是常数。

(2) 实际流体流动过程的能量衡算

实际流体在流动时，由于流体黏性的存在，必然造成阻力损失。单位重力的流体在定态流动时因摩擦阻力而损失的能量(压头)记为$\sum h_f$，单位为$J \cdot N^{-1}$或m。为克服流动阻力使流体流动，往往需要安装流体输送机械。设单位重力的流体从流体输送机械所获得的外加压头为He，单位为$J \cdot N^{-1}$或m。则实际流体在流动时的伯努利方程为：

$$Z_1+\frac{u_1^2}{2g}+\frac{p_1}{\rho g}+\mathrm{He}=Z_2+\frac{u_2^2}{2g}+\frac{p_2}{\rho g}+\sum h_f$$

以上得到的各种形式伯努利方程仅适用于不可压缩的液体。对静止状态的流体，$u=0$，没有外加能量，He＝O，而且也没有因摩擦而造成的阻力损失$\sum h_f=0$，则伯努利方程简化为：

$$Z_1+\frac{p_1}{\rho g}=Z_2+\frac{p_2}{\rho g}$$

上式即为流体的静力学方程式。

例：如图10-7所示，用离心泵将贮槽中的料液输送到蒸发器内，敞口贮槽内液面维持恒定。已知料液的密度$\rho=1\ 200\ kg/m^3$，蒸发器上部的蒸发室内操作压力为200 mmHg(真空度)，蒸发器进料口高于贮槽内的液面15 m，输送管道的直径为68 mm×4 mm，送液量为20 m^3/h。设溶液流经全部管路的能量损失为12.23 $J \cdot N^{-1}$(不包括出口的能量损失)，若泵的效率为60%，试求泵的功率。

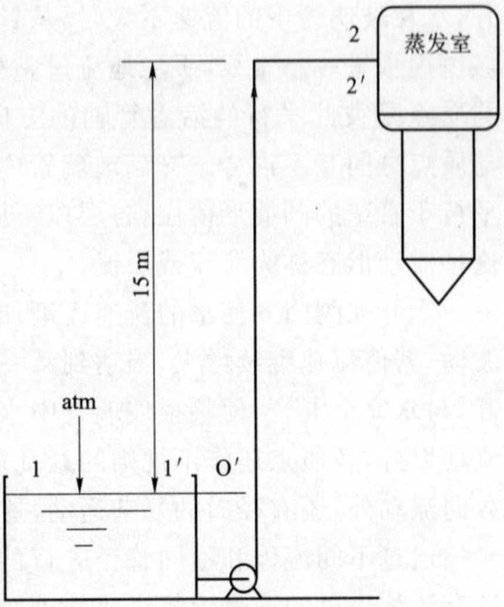

图10-7

解：在1—1′，2—2′间列伯努利方程，以0—0′为基准面。

$$Z_1=0, Z_2=15\ \mathrm{m}, p_1=1\ \mathrm{atm}, u_1=0;$$

$$p_2=\frac{200}{760}\times 1.013\times 10^5=2.67\times 10^4\ \mathrm{Pa}(\text{真空度})=-2.67\times 10^{-4}(\text{表压})$$

$$p_2=1.013\times 10^5-2.67\times 10^4=7.46\times 10^4\ \mathrm{Pa}(\text{绝对压力})$$

$$u_2=\frac{20}{0.785\times 0.06^2\times 3600}=1.97\ \mathrm{m/s}$$

$$\sum h_f=12.23\ \mathrm{J\cdot N^{-1}}$$

则根据伯努利方程有

$$\frac{p_1}{\rho g}+H_e=Z_2+\frac{u_2^2}{2g}+\frac{p_2}{\rho g}+\sum h_f$$

$$H_e=Z_2+\frac{u_2^2}{2g}+\frac{p_2-p_1}{\rho g}+H_f$$

$$=15+\frac{1.97^2}{2\times 9.81}+\frac{7.46\times 10^4-1.013\times 10^5}{1\ 200\times 9.81}+12.23$$

$$=25.16\ \mathrm{m}$$

泵的理论功率：

$$N_e = q_v \rho g H_e = \frac{20}{3\ 600} \times 1\ 200 \times 9.81 \times 25.16 = 1.65\ \text{kW}$$

$$\text{实际功率}\ N_a = N_e/\eta = 1.65/0.6 = 2.75\ \text{kW}$$

四、流动的形态

图 10-8 所示为典型的雷诺实验装置。当阀门 5 稍开，水在玻璃管中的流速不大时，从针头引到水流中心的红色墨水呈一条直线，平稳地流过整根玻璃管，这表明水的质点是彼此平行的沿着管轴的方向作直线运动，质点与质点之间互不混合。充满玻璃管内的水流如同一层层平行于管壁的圆筒形薄层，各层以不同的流速向前运动，这种流动形态称为滞流或层流。

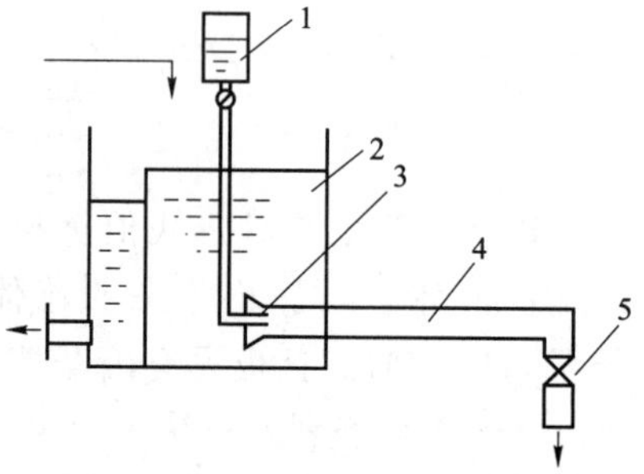

图 10-8　雷诺实验

当开大阀门 5 使水的流速逐渐加大到一定数值时，会观察到红色墨水的细线开始出现波动，若使流速继续增大，当达到某一临界值时，细线便完全消失，红墨水流出针头后随即散开，与水完全混合，使整根玻璃管中水流呈现均匀的红色，表明水的质点除了沿着管道向前流动以外，各质点还作不规则的紊乱运动，且彼此相互碰撞，互相混合，水流质点除了沿管轴方向流动外，还有径向的复杂运动，这种流动形态称为湍流或紊流。

通过不同流体和不同管径进行的大量实验表明，影响流体流动的因素除了流速 u 外，还有流体流过的通道管径 d 的大小，以及流体的物理性质如黏度 μ 和密度 ρ。雷诺将上述四个因素归纳为一个特征数，称为雷诺数，以符号 Re 表示：

$$Re = du\rho/\mu Re$$

可见，雷诺数是量纲为一的数群，是一个特征数，计算时注意式中各个物理量必须采用统一的单位制。雷诺数可以作为流体流动形态的判据。实验发现，流体在直管中流动时，当 $Re < 2\ 000$，流体流动形态为滞流；当 $Re > 4\ 000$ 时，流体流动形态为湍流；而当 $2\ 000 < Re < 4\ 000$ 时，流体的流动则认为处于一种过渡状态，可以是滞流，也可以是湍流，取决于流动的外部条件。如在管道的入口处、管道直径或方向改变或外来的轻微扰动，都易促成湍流的产生，这种情况下在相关问题的处理时为留有余量，往往将过渡状态当湍流对待。滞流和湍流是两种本质不同的流动形态，两者在一定条件下可以相互转化。流体流动阻力的大小与雷诺数有直接联系，流体流动的雷诺数越大，流体的湍动程度越大，流动阻力也愈大。

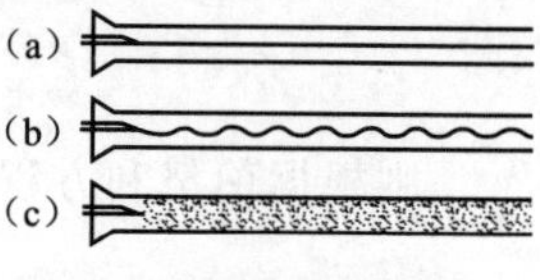

图 10-9　流体流动形态示意图

流体在管内流动时，处于不同的流动形态，在管截面径向上呈现的径向速度分布不一样，如图 10-9 所示。

如图 10-10 所示，滞流时流速沿管径呈抛物线分布，管中心处流速最大，管截面各点速度的平均值为管中心处最大速度的 0.5 倍；湍流时，流体质点强烈湍动有利于交换能量，使得管截面靠中心部分速度分布比较均匀流速分布曲线前沿平坦，而近壁部分的质点受壁面阻滞，流速分布较为陡峭，显然，湍流的流速分布曲线与雷诺数大小有关，湍流的平均速度约为最大速度的 0.8 倍。

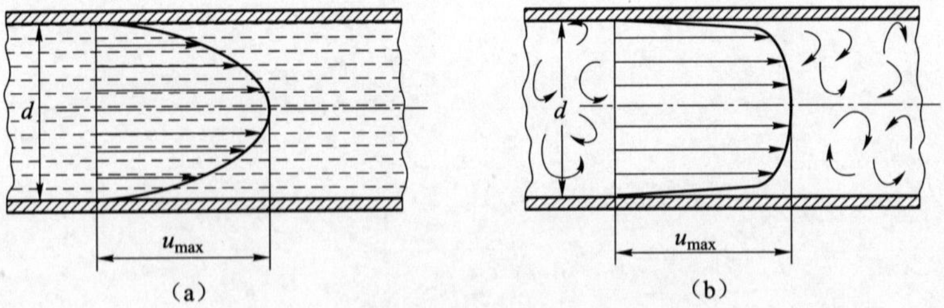

图 10-10　滞流(a)和湍流(b)的流速分布